2015 年度浙江省科协"育才工程"资助项目

非均匀光学传输系统中自相似脉冲与畸形脉冲操控的研究

戴朝卿　王悦悦　著

U0313204

科学出版社

北　京

内 容 简 介

本书以非均匀光纤中的各种变系数非线性薛定谔方程为模型,利用解析和数值模拟两种互补方法研究了空间衍射、时空耦合、高阶色散和高阶非线性效应对自相似脉冲的振幅、相位、啁啾因子及光波宽度等传输特性的影响,分析了畸形波的湮灭消失、维持、重现、快速激发等操控问题,着重讨论了多自相似脉冲和畸形脉冲的产生及其相互作用问题。对规避和利用畸形脉冲提出了可行性方案,为研究实际非均匀光纤系统中光脉冲的参量调控和动力学控制提供了一定的理论依据,对物质波孤子和等离子体中的孤波等其他物理领域中的动力学研究具有潜在的应用价值,并为高等院校和科研机构的非线性光学、数学物理、凝聚态物理等专业的科研工作者和研究生提供了重要的富有启发性的参考。

本书可作为高等院校和科研机构的光学、数学、物理等专业的研究生和高年级本科生学习非线性科学的教材,也为从事光学、理论物理、数学物理和工程等方面研究的科技工作者提供了一本实用的参考书。

图书在版编目(CIP)数据

非均匀光学传输系统中自相似脉冲与畸形脉冲操控的研究/戴朝卿,王悦悦著 . —北京:科学出版社,2015. 12

ISBN 978-7-03-046961-8

Ⅰ. ①非⋯ Ⅱ. ①戴⋯②王⋯ Ⅲ. ①通信光学-传输-脉冲-研究

Ⅳ. ①O438

中国版本图书馆 CIP 数据核字(2015)第 313746 号

责任编辑:钱 俊 裴 威 / 责任校对:胡小洁
责任印制:张 伟 / 封面设计:蓝正设计

科 学 出 版 社 出版
北京东黄城根北街 16 号
邮政编码:100717
http://www.sciencep.com

北京京华虎彩印刷有限公司 印刷
科学出版社发行 各地新华书店经销

*

2016 年 1 月第 一 版 开本:720×1000 B5
2017 年 5 月第三次印刷 印张:8 1/2
字数:171 000

定价:49. 00 元
(如有印装质量问题,我社负责调换)

前　言

自 20 世纪 60 年代激光出现后,高功率超短光脉冲的产生、传输以及与物质之间的相互作用就成为光学领域的重要研究课题。脉冲宽度变得越来越短,激光脉冲的峰值功率变得越来越高。如此短的脉冲宽度不仅在超快物理与化学过程的研究应用等领域有着不可替代的作用,在光致合成、半导体物理、生物学中病变早期诊断、外科医疗和超小型卫星的制造上均显示出独特的优势。在光学领域,超短光脉冲被广泛应用于超高容量的光信息通信及光信息存储、处理等方面。因此,高功率超短光脉冲的研究,不仅在各类超快现象及其规律的深入理解和认识方面有着重要的科学价值,而且在社会实践中也有着广阔的应用前景。

自相似脉冲和畸形脉冲的特性研究是近年来非线性光学研究领域中的热点课题,在光纤通信系统中高功率脉冲的压缩、高能量和高质量脉冲的获取、非线性波导阵列的能量聚集器等方面具有非常重要的应用价值。本书以非均匀光纤和波导中的各种变系数非线性薛定谔方程为模型,利用解析和数值模拟两种互补方法研究了空间衍射、时空耦合、高阶色散和高阶非线性效应对自相似脉冲的振幅、相位、啁啾因子及光波宽度等传输特性的影响,分析了畸形波的湮没、维持、重现、快速激发等操控问题。着重讨论了多自相似脉冲和畸形脉冲的产生及其相互作用问题,对规避和利用畸形脉冲提出了可行性方案,为研究实际非均匀光纤和波导系统中光脉冲的参量调控和动力学控制提供理论依据,并对物质波孤子和等离子体中的孤波等其他物理领域动力学研究具有潜在的应用价值。

全书共 8 章。第 1 章简要介绍了光孤子、自相似孤子和光学畸形波的研究进展。第 2 章介绍了光孤子相关的一些基本概念,如光孤子的分类、包络孤子、色散效应和衍射效应、非线性效应以及脉冲自变陡和孤子自频移现象等。第 3 章给出了本书中用到的理论研究方法,如基于 AKNS 系统的达布变换法、相似约化方法以及分裂步长快速傅里叶变换算法等。第 4~6 章分别介绍了 1+1 维时间、空间孤子型自相似脉冲,2+1 维空间自相似孤子和受调制空间光束以及 3+1 维时空自相似脉冲的操控研究。第 7 章和第 8 章分别介绍了 1+1 维皮秒和飞秒畸形波以及 2+1 维库兹涅佐夫-马孤子和 3+1 维畸形波的参量控制和操控问题。

作者的研究工作得到了张解放教授、朱士群教授的指导,在此特别致谢!

本书的出版得到了国家自然科学基金(项目编号:11375007 和 11404289)、浙江省科协"育才工程"以及浙江农林大学"青年拔尖人才"培育计划的资助。

感谢李录教授、钟卫平教授、郑春龙教授、张盛教授、刘文军博士、秦振云博士、吕兴博士、徐四六博士、来娴静博士及其他学术同行们与我们的学术研讨、交流。

由于作者水平有限,本书不妥之处在所难免,敬请各位同行和读者给予批评和指正,同时欢迎交流与本书相关的学术问题,电子邮箱:dcq424@126.com。

作　者
2015 年 9 月

目　　录

第1章 绪 论

1.1 光孤子的研究进展

孤子(soliton,也称孤立子)是一种能保持其形状和特性不变而在时空中传播的特殊孤波(solitary wave),是非线性效应和色散作用巧妙平衡的结果,是非线性系统的特殊相干(或拟序)结构,具有相互作用后保持其波形和速度不变的特点。孤子在相互碰撞和长时间传播中能保持稳定,它是具有明显粒子性的一种波动,是一种新型的物质存在形态。因此,孤子被认为是具有波-粒双重性的最好客体或物质形态。

在物理学中,孤子被认为具有以下特点:①能量比较集中于狭小的区域;②两个孤子相互作用时出现弹性散射现象,即波形和波速能恢复到最初。这就是说,从物理本质上讲,孤子是由非线性场所激发的、能量不弥散的、形态上稳定的准粒子。并且,物理上也不区分"孤子"和"孤波"两个名词。

孤子这种物质形态广泛存在于自然界,如在木星的红斑旋涡、用隧道电子显微镜成像方法发现的晶体中的电荷密度波、在小尺度湍流环境中长期存在的有序大尺度组织、神经元轴突上传递的冲动电信号、大气中的台风、激光在介质中的自聚焦、晶体中的位错、超导体中的磁通量等自然现象中都存在这种物质形态。此外,社会经济系统中也广泛存在着由非线性相互作用机制产生的孤子。这种孤子无论其现象还是本质都可能启发我们更好地理解某些社会经济现象,如社会财富、社会权利等的稳定集中,某些社会意识等的长时间稳定传播。

自 1834 年罗素(Russell)[1]首次在浅水波中观察到孤子现象以来,孤子的概念和应用已经拓展到物理学的各个领域并延伸到生物、化学、通信甚至社会学等领域。但是,最能体现孤子多样性的领域是光学系统。根据光波传播过程中与非线性相平衡的是色散、衍射还是同时包括色散、衍射,可以将光孤子大体上分为时间光孤子、空间光孤子和时空光孤子(光弹)[2,3]。下面主要介绍时间光孤子的研究进展。

激光器的发展为超短光脉冲的出现提供了条件,若这些超短光脉冲能维持其形状稳定传播,则它们被称为光孤子。自 20 世纪 70 年代以来,时间光孤子在通信领域的理论与实验研究方面都有飞速的发展。人们对超短的皮秒、飞秒量级孤子脉冲在光纤中的传输有了深入的研究。1973 年,Hasegawa 和 Tappert[4,5]首先提出了"光孤子"的概念,并从理论上证明了任何无损光纤中的光脉冲在传输过程中都能形变为孤子后稳定传输。光纤中的孤子是光纤色散与非线性相互作用的产物,服从非线性薛定谔方程(NLSE),受光纤的色散效应和非线性自相位调制效应的支配。但由于当时没有合适的光纤及相应的孤子源,这一理论长期没有被证实。直到 1980 年,美国贝尔(Bell)实验室的 Mollenauer 等[6]首先从实验中观测到了光纤中的亮孤子,Hasegawa 等的论断才得到实验的证实。时隔 7 年,Emplit 等[7]运用振幅和相位滤波技术观察到了暗孤子。随后 Krokel 等[8,9]分别在实验中观察到了黑孤子和灰孤子。由于光孤子传输时不改变其波形、速度,于是人们提出用光纤中的孤子作为传递信息的载体的新的光纤通信方案,即光纤孤子通信或简称孤子通信。1981 年初,Hasegawa 和 Kodama[10]发表了单模光纤中用光孤子传输信号的著名文章,随后又提出利用光放大补偿损耗,构成全光的孤子通信系统。从此拉开了时间光孤子通信理论与实验研究的序幕。

在理论研究方面,1973 年 Hasegawa 和 Tappert[4,5]提出了"光孤子"概念后,人们建立了许多研究皮秒时间光孤子传输的理论方法,如逆散射方法[11]、广田(Hirota)双线性方法[12]、达布(Darboux)变换方法[13]、变分法[14]等,获得了多种孤子解来描述皮秒时间光孤子传输。随着超短光脉冲技术的飞速发展,飞秒量级的光脉冲的传输特性已日益成为研究的热点课题之一。关于飞秒光脉冲在光纤中的传输研究,三阶色散、自陡峭及自频移等效应已不可忽略。早在 1987 年 Kodama 等[15]就已利用多重尺度法导出了飞秒光脉冲在光纤中的传输演化方程——高阶非线性薛定谔方程(HNLSE)。之后,人们建立了研究飞秒光孤子的各种解析及数值方法,如逆散射方法[16]、直接代数法[17]、广田直接法[18]、Bäcklund 变换法[19]、守恒定律法[20]、达布变换法[21]等。随着人们对长距离、大容量光通信的迫切要求,更强更短的孤子脉冲在光纤中的传输演化情况也越来越受到人们的关注,描述孤子传输的高阶模型——四阶色散三次-五次方非线性薛定谔方程应运而生,人们对其进行了解析和数值模拟等方面[22-25]的研究。

自从 Bogatyrev 等[26]在实验上实现了光纤中双曲型衰减的群速度色散(GVD)控制,并进一步在孤子通信中实现了色散管理光孤子和孤子脉冲串[27]后,对光孤子管理与控制的研究就成为一个新的而且重要的课题,理论上对色散管理光孤子的研究也日益成为热点课题。人们对色散管理光孤子的模型——变系数非线性薛定谔方程从各种不同的角度进行了研究,如色散管理和振幅管理[28]、达布变换[29]和 Lax 对[30]等。文献[31]研究了色散管理光孤子的物理与数学性质。我国山西大学的周国生教授研究组利用达布变换和数值方法研究了皮秒[32,33]、飞秒[29]色散管理光孤子的控制问题。对高阶变系数非线性薛定谔方程的研究也引起了人们的充分注意[34,35]。为了更加全面地理解超短脉冲在光纤中的传输特性,许志勇等[36]讨论了非零边界条件下高阶非线性薛定谔方程的解的调制不稳定性和连续波背景下的孤子传播。如果进一步考虑光纤介质所引起的其他效应,如损耗、群速度色散、偏振模色散以及其他非线性相互作用,描述光脉冲传播的方程将变得更加复杂。此外,随着系统传输速率的提高,脉冲频谱进一步展宽,系统更易受光放大器自发辐射噪声的影响,由此导致的 Gorden-Haus 效应(幅度抖动和定时抖动)更加严重。这些都导致非线性薛定谔方程被扩展为其他各类高阶变系数非线性薛定谔方程[37,38]。

在实验与应用方面,1980 年贝尔实验室的 Mollenauer 等用实验方法在光纤中观察到了孤子脉冲[6],如图 1-1 所示。此后,光孤子在应用领域取得了巨大进展。1981 年,Hasegawa 和 Kodama[10] 提出将光纤中的孤子作为信息载体用于通信,构建一种新的光纤通信方案,称为光孤子通信。1983 年,Hasegawa 提出利用光纤本身的拉曼(Raman)增益补偿的思想。1988 年,Mollenauer 和 Smish 根据这一思想,首次成功进行了全光长距离(4000km 以上)孤子传输实验[39]。这一实验成为光孤子通信的里程碑。

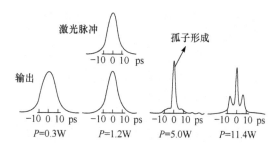

图 1-1　Mollenauer 等首次实验观察的孤子形成[6]

自 20 世纪 90 年代以来,日本、美国、英国等相继出现了以半导体激光器(LD)作光源与泵浦源的实验系统,用掺铒光纤放大代替拉曼放大,拉开了光孤子走向实用化的序幕,许多发达国家已开始建立自己的光孤子通信网。1991 年,美国电报电话公司(AT&T)和贝尔实验室实现了 3×27km 环路上以伪随机码 2.5Gbit/s 做了 14000km 的无误码的传输[40],并做了 2×2Gbit/s 的波分复用系统的 9000km 的实验[41]。日本电报电话公司(NTT)则以直路用 20Gbit/s 的脉冲列传输了 350km,用 10Gbit/s 的脉冲传输了 1000km,还实现了 100 万千米超长距离传输,并突破了 Gordon-Haus 效应对孤子传输距离的限制[42]。同时,Nakazawa 等采用同步幅度调制与频阈滤波相结合的系统组成方案,采用 10Gbit/s 的脉冲,实现了 10^6 的孤子稳定的传输。

色散管理目前被认为是集各种技术于一体的优化方案,已受到国际上的广泛关注。利用这种优化方案,在 2003 年 11 月日本电气股份有限公司(NEC)的研究人员报道了每信道 42.7Gbit/s 的 64 路波分复用,总量达 2.56Tbit/s 传输距离为 6000km 的色散管理通信实验[43]。在 2004 年 2 月,美国光纤通信会议(OFC)上,除日本外,法国报道了实现 32×43Gbit/s 传输 27×100km 的实验,美国也做出了 40Gbit/s 的实验系统。2011 年日本研发的一种七芯光纤传输速度高达 109Tbit/s,传输距离达 16.8km。2012 年日本电气股份有限公司的研究人员报道了在单模光纤上所传输的数据速度达到了 21.7Tbit/s,这种新的传输技术的好处是原有的光纤网络基础设施不需要任何变化就可实现光孤子传输。这些研究表明,对光孤子通信的研究已日趋完善并逐渐向商用化方向发展。

1.2　自相似孤子的研究进展

自相似(self-similar)是一类非常普遍的自然现象,如原子核爆炸中的热波传播、弹性固体中的断裂形成以及湍流中标度性质等[44]。它在复杂非线性系统中的应用可以给出关于内在动态的许多信息。在初始条件的影响缓慢减弱且系统仍远离极限状态时,开始出现自相似特性[44]。利用对称约化的方法可以得到很多描述物理问题的偏微分方程的近似解[45]。

空间自相似现象是指某种现象可以在时空域再现自己。一般来说,数学上通过对称约化可以寻求系统的自相似解,其在形式上表现为自相似变量的连续函数。利用自相似性,人们可以把复杂的偏微分方程约化到可以求解的常微分方程,进而简化研究。在寻求自相似解的过程中,有些解可以通过量纲分析得到,有些解却不能。这些不能由量纲分析得到的自相似解在形式上表现为系统的中间渐近,它们的形成与系统的初始条件无关。显然,这种自相似解更符合描述大部分物理系统,也更容易吸引人们的研究兴趣。

一直以来,自相似特性在物理学及其他学科领域,如流体动力学、凝聚态物理、等离子物理、量子场论和生物物理学等领域,也有着广泛的研究和应用。最早从事光学中自相似现象研究的是 Sunghyuck 等[46],他们在 Hill 光栅的生长中取得进展,而后 Menyuk 等[47]在受激拉曼(Raman)散射(SRS)中取得进展,Tanya 等[48]在自写波导中也发现了自相似演化,Marin 等[49]在光波塌陷中也发现了光波的自相似和分形特性。

虽然早在 1981 年,Ablowitz 和 Segur[50]就指出自相似解和孤子解都存在于非线性薛定谔方程中,但自相似性在非线性光纤光学中的研究近年才开始引起关注。光纤中的自相似脉冲,早期主要指的是在光纤中的群速度色散、自相位调制(SPM)和增益效应的共同作用下,能够产生能量被显著放大、具有很强线性啁啾,而且其时域和频域特征相似于抛物线形状的渐近脉冲(因此被称为抛物型脉冲)。与一般光孤子相比,自相似脉冲有三个显著特点:①自相似特性只由入射脉冲的能量和光纤参数决定,而与初始脉冲的形状无关,入射脉冲能量都可以全部转化在输出的自相似脉冲之中;②自相似脉冲在高功率传播时,其形状不改变,具有抵御光波分裂的能力;③自相似脉冲具有严格的线性啁啾,易于进行高效的脉冲压缩,获得高功率、无基座的近似变换极限的飞秒量级光脉冲。

在国外,很多学者对光纤中的自相似脉冲进行了理论和实验的研究。Anderson 等[51]给出了关于抛物线形短脉冲在具有正群速度色散和强的非线性光纤中的自相似传输的理论描述。Kruglov 等也对非线性光纤中自相似脉冲进行研究并取得了系列成果[52-55]。Fermann 和 Kruglov 等[52]利用频分光栅(FROG)脉冲特征化技术首次在 3.6m 长并有 30dB 增益的掺镱光学放大器中观察到抛物形光脉冲的产生及其自相似演化,如图 1-2(a)所示。他们指出,过量非线性和正常色散相互作用从而形成抛物形自相似脉冲,这种形成只与初始脉冲能量有关,不依赖于初始脉冲形状和宽度,且在脉冲宽度范围内具有严格线性啁啾。在此实验中他们还验证了 Anderson 等有关抛物自相似子在正常色散光纤传播的理论预言[51],如图 1-2(b)所示。

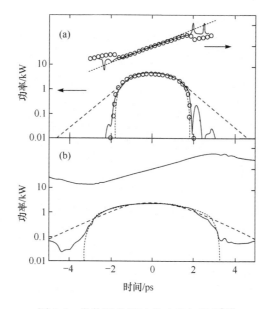

图 1-2 抛物形光脉冲的功率和啁啾[52]

(a) 3.6m 长并有 30dB 增益的掺镱光学放大器中实验结果(实线)与基于非线性薛定谔方程的数值模拟(圈线)、渐进抛物脉冲(短虚线)及 $sech^2$ 脉冲(长虚线)的对比;(b) 在 2m 的单模光纤传播后的实验结果(实线)与渐进抛物脉冲(短虚线)及 $sech^2$ 脉冲(长虚线)的对比

Billet 等[56]也通过实验验证了 Kruglov 等的理论分析结论。Kibler 等[57]产生了梳状色散渐减光纤中抛物线形短脉冲。Finot 等[58]利用 Raman 光纤放大器代替普通的掺稀土元素光纤放大器来进行自相似脉冲的研究。Chang 等[59]研究了受激 Raman 散射和增益带宽决定的自相似脉冲放大。Ilday[60]和 Nielsen 等[61]对

自相似脉冲在光纤谐振腔中产生的可行性作了理论和实验上的研究。Finot 等[62]用全光器件对自相似脉冲在光纤通信系统中的应用进行了数值模拟和实验研究。Ponomarenko 等研究了非线性光学介质[63]和非线性波导中[64]的自相似孤子脉冲，还讨论了非线性光学放大器中啁啾和非啁啾相似子之间的相互作用[65]。Dudley 等[66]综述了超快非线性光学中的自相似现象，Finot 等[67]也对抛物线形自相似脉冲的产生和应用方面进行了综述。最近，Hirooka 等[68]利用皮秒光脉冲阵列产生了亮、暗抛物线形自相似脉冲。

同国外学者的研究相比，国内学者对自相似脉冲的研究相对较少。华中科技大学的陈世华等[69]在 2005 年从解析和数值模拟两个方面研究了光纤自相似脉冲的演化特性，并在他的博士论文[70]里全面总结了自相似脉冲的研究情况。冯杰等给出了常系数金兹堡-朗道方程自相似脉冲演化的解析解[71]和色散渐减光纤中金兹堡-朗道方程的自相似脉冲演化的解析解[72]。涂成厚等[73]研究了正常色散光纤放大器中超短脉冲的自相似演化条件。雷霆等[74]给出了高能量无分裂超短脉冲自相似传输的理论研究和数值模拟。张巧芬[75,76]也对光纤中自相似脉冲传输特性进行了研究。浙江师范大学的张解放等[77,78]对高功率超短自相似激光的产生及其相互作用进行了研究，吴雷等[79]对非线性光学系统中四种类型的自相似子的动力学特性进行了研究。山西大学的李录等[80]也在自相似脉冲的研究中取得了进展。我们也研究了时间[81]、空间[82]以及时空[83]自相似子的动力学特性。

至此，自相似脉冲大致可以分成渐进自相似脉冲和精确自相似脉冲两种。渐进自相似脉冲有抛物型自相似脉冲[51,52,57-59]、厄米-高斯型自相似脉冲[84]和混合型自相似脉冲[84]三种类型。精确自相似脉冲主要有精确孤子型自相似脉冲[53-55,63-65,79-82]和准孤子型自相似脉冲[85]。国内外学者对精确孤子型多自相似脉冲的操控问题研究较少。

光纤技术的日臻成熟，特别是近年来由于高速、大容量光通信的迅猛发展而对高功率的超短脉冲的急切需求，使得自相似脉冲技术的发展逐步完善，其应用领域得到不断扩大，目前已在自相似脉冲光纤激光器、获得高功率的超短脉冲和光纤通信系统中自相似脉冲序列的产生等方面获得应用[86]。同时，人们也开始关注光纤放大器和色散渐减光纤中自相似脉冲的形成。孤子和相似子光纤激光也被提出，并且具有抗微扰、降低噪声的优点[87]。

由于自相似脉冲在光纤通信、非线性光学、超快光学和瞬态光学等领域中具有非常重要的应用前景，所以，近年来引起了国外同行的广泛关注。到目前为止，对自相似光脉冲的理论分析、数值模拟和实验研究，都取得了许多有价值的成果。研究发现，如果采用色散渐减光纤的被动绝热放大对自相似激光脉冲进行放大和压缩同步进行，可以产生光纤通信系统中需要的高功率、高能量和高质量稳定的自相似超短脉冲序列。例如,一般的孤子光纤激光器产生的脉冲平均功率在 150W 左右(比被动锁模固态激光器的脉冲功率高约一个数量级),脉冲重复频率 10 万 Hz 左右。如果增加脉冲功率,孤子会受到非线性光波破裂而导致输出脉冲严重失真,效率下降。但是,自相似子光纤激光器不会出现这些问题,它可以产生约 1.7MW 的平均功率,重复频率约 75MHz 的超短脉冲(借助后期脉冲压缩),这明显比孤子激光器高出两到三个数量级[70]。

因此,高功率超短自相似脉冲的研究在超短脉冲产生和高速光纤通信方面有潜在的重要应用。

1.3 光学畸形波的研究进展

畸形波(freak wave,rogue wave,giant wave)首先是在海洋中发现的一种灾害性自然现象,对海上航行的船只和海上结构物破坏性极大[88]。畸形波的波陡很大,有很大的波峰,平均高度是周围波浪的两三倍甚至许多倍以上。据不完全统计,世界上至少有 200 艘超级轮船在航行中遭遇畸形波,甚至因此失踪。特别是 1995 年袭击北海的"新年波"("new year" freak wave),是一次最为典型、记录最完整的畸形波,波高达 25.6m,导致北海石油平台严重损坏,从而证实畸形波的存在。关于畸形波的理论研究始于 1965 年,Draper[89]首次提出畸形波的概念。由于畸形波的发生具有不可预测性,而且海上观测资料不完善,所以对畸形波采用数值模拟方法或实验室物理模拟方法是较为可行的理论研究方法。目前,关于海洋中畸形波的研究已取得了较好的进展[90-96]。例如,杨冠声等[93]在分析国外研究成果的基础上介绍了畸形波的几个基本问题。芮光六等[94]介绍了畸形波的实验室模拟。裴玉国[95]在实验室水槽中研究了随机波浪在一定坡度地形上产生了畸形波,并指出这种情况下产生畸形波的概率比完全平地地形下产生畸形波的概率要高。胡金鹏等[96]研究了基于 Benjamin-Feir 不稳定性的畸形波模拟。不考虑波前相互作用的情况下,调制不稳定(由于非线性和色散的相互作用使系统稳态受到调制的现象)或 Benjamin-Feir 不稳定性(又称边带不稳定性,指斯托克斯(Stokes)波对频率与载波的基频稍有差异的波产生的扰动是不稳定的)以及线性时空聚焦(色散和频率调制的空间分布共同作用)[97]被认为是产生畸形波的两个主要机制。Akhmediev 等理论研究了多种描述畸形波动力学模型的有理数解[98,99]和 Peregrine 孤子解[100],被视为畸形波理论研究的重要原型。最近,Chabchoub 等在实验中观察到了畸形波[101]和呼吸子[102]并研究了它们的相关特性[103]。

随着对畸形波研究的深入和扩展,畸形波的研究不再局限于海洋领域,畸形波的观念被引入到光学[104-106]、玻色-爱因斯坦凝聚(BEC)[107,108]、等离子物理[109,110]、大气物理[111]等不同领域。Bludov 等[107]进一步提出了微观领域的物质畸形波概念,认为装载于抛物囚禁和光子晶格中的 BEC 均可能存在物质畸形波。闫振亚等[108]通过自相似变换得到了 BEC 中高维畸形波的解析解。Moslem [109]用数值分析方法研究了无碰撞电子-质子等离子体中的朗缪尔畸形波,认为无碰撞电子-质子等离子体中畸形波结构的产生主要依赖于电子和质子的密度和温度以及包络波的群速度。El-Awady[110]研究了等离子体中非线性离子声波中存在的畸形波,并讨论了畸形波振幅与电子-质子温度比等参数的关系。Stenflo 和 Marklund[111]提出了大气中存在畸形波的可能性。

　　在海洋中畸形波被认为是一种危害性的非线性波,而在光波中却可加以利用。目前,国外许多专家和研究机构致力于光畸形波的研究,并取得进展[104-106,110-118]。Solli 等[104]首先引入光畸形波的概念,利用波时转换技术基于超连续谱系统对光畸形波现象进行了实验观察和数值模拟,如图 1-3 所示。

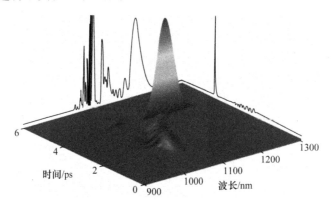

图 1-3　短时傅里叶变换获得的光畸形波的时间-波长图[104]

　　Dudley 等[105]研究了超连续谱系统中实现对光畸形波的控制和治理。Kibler 等[112]利用随机数值模拟研究了零色散波长光子晶体光纤超连续谱中光畸形波的统计性质。Montina 等[113]研究了非线性光腔中的非高斯统计和畸形波的形成。Bludov 等[106]讨论了非线性波导阵列中将畸形波高效压缩光能的设想。尽管 Peregrine 最初在水动力学领域从数学理论上建立了 Peregrine 孤子,这种独特形态的非线性波直到 2010 年才由 Dudley 教授领导的实验小组首先在光学实验中成功实现模拟和观测[114]。最近,光纤模型中的 Peregrine 孤子亦被发现[115,116],其尖峰强度可以达到背景波强度的 9 倍,超短脉冲畸形波的概念在光学中得到拓展。Hammani 等[115]在光纤实验中研究了 Peregrine 孤子的激发条件,证实了其存在性并明确地刻画了其二维局域性,实现了定义 Peregrine 孤子特性的明确特征参量的测量。此外,借助光栅分光计测量冲击波包络的光谱技术,Dudley 研究小组对 Peregrine 孤子的频域特性进行分析,发现存在特殊的三角频谱,进而可以对理论上光脉冲聚集畸形波进行预测,并可在实验中得到证实[5,117]。最近,Hammani 等[118]对光纤中实现光畸形波实验进行了综述。

相比于国外学者的研究工作,我国学者对畸形波的研究不多,且主要集中在理论研究方面。郭柏灵院士和中国矿业大学的刘青平等[119]给出了自聚焦非线性薛定谔方程和 Hirota 方程的 N 阶畸形波解的解析表达式。宁波大学的贺劲松等[120]也对畸形波动力学行为进行了系列研究。中国科学院的刘伍明课题组[121]讨论了 BEC 中怪波的演化行为。对光畸形波的研究则更少。最近,我们研究了皮秒[122]和飞秒[123]畸形波的操控问题。贺劲松等[124]讨论了掺铒光纤系统中的畸形波传输问题。但对于畸形波的操控问题国内外很少有学者进行研究。

第 2 章　光孤子相关的一些基本概念

光脉冲以孤波或孤子的形式实现在光纤中的无畸变传输已成为一个重要的研究课题。要研究光孤子的传输性质,首先要了解一些基本概念。本章罗列了其中的一部分,包括光孤子的分类、包络孤子、色散效应和衍射效应、非线性效应以及脉冲自变陡和孤子自频移现象等概念。

2.1　光孤子的分类

光孤子是能量或物质以特定的形状和速度传播的一种形式。光波与声波和水波一样,随着传播距离在时域或空域里会不断展宽。光学中,根据光波传播过程中与非线性相平衡的是色散、衍射还是同时包括色散、衍射,可以将光孤子大体上分为时间光孤子、空间光孤子和时空光孤子(光弹)[2,3]。

2.1.1　时间光孤子

时间光孤子(temporal optical solitons)是非线性介质中光波包络(即脉冲)的局域化的一种表现。在任何物理介质中,传播速度与频率有关(即群速色散效应),因此导致脉冲频谱的不同部分传播速度不同,从而使脉冲展宽。但是,在非谐振非线性介质中脉冲的传播速度又与脉冲的振幅有关(又称自相调制效应),从而在频域上压缩脉冲。如图 2-1 所示,光纤中的短脉冲由于介质的色散使脉冲在时域展宽,而介质的非线性效应会使脉冲变窄,当色散和非线性严格平衡时,短脉冲就会

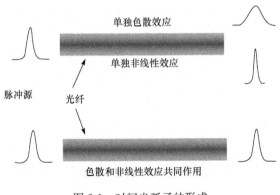

图 2-1　时间光孤子的形成

以不变的形状在光纤中传播,这叫作时间光孤子。任何短脉冲均由一系列振荡频率组成,脉冲宽度越窄,则其频谱越宽。

下面我们分析反常色散光纤中时间光孤子的形成。在反常色散光纤中,群速色散会导致波长越短的脉冲传播速度越快,从而使脉冲的前端部分蓝移,后端部分红移;此外,折射率与脉冲的强度有关,这会导致脉冲的相位与时间有关,从而使脉冲的前端部分红移,后端部分蓝移,这样会克服群速色散所造成的效应。两者精确平衡时,就可以形成光纤亮孤子。显然,如果把时间光孤子的不同频率分量看成一群向前奔跑的运动员,则非线性对孤子的作用类似一张大软垫(软垫的变形度正比于单位面积上运动员的载重),其既能阻碍前面强者的运动(上坡),又能加快后面弱者前进的速度(下坡),导致运动员跑动不至于拉开距离,形成稳定的“孤子”[125,70]。

光学孤子分为亮孤子(bright soliton)和暗孤子(dark soliton)。根据暗度的深浅,暗孤子又可分为黑孤子(black soliton)和灰孤子(gray soliton)。亮孤子的光场能量主要集中在光束中心附近的狭窄区域内(该区域内存在电磁场),而远离中心处光强为零,如图 2-2(a)所示;黑孤子相当于在均匀背景光中嵌入一个暗缺(该暗缺内不存在电磁场),光束中心处光强最小且为零,而远离光束中心处光强趋于一稳定值;灰孤子也相当于在均匀背景光中嵌入一个暗缺(该暗缺内也不存在电磁场),光束中心处光强最小但不为零,而远离光束中心处光强亦趋于定值,如图 2-2(b)所示。Zhao 和 Bourkoff[126]的研究表明光纤损耗存在时,暗孤子比亮孤子传播得慢,但具有较高的抗噪音能力。

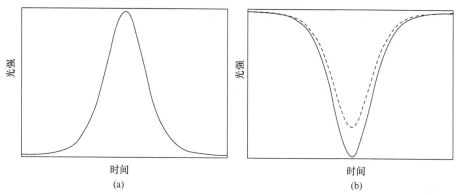

图 2-2　(a)亮孤子的强度包络;(b)暗孤子(实线为黑孤子,虚线为灰孤子)的强度包络

2.1.2　空间光孤子

空间光孤子(spatial optical solitons)是指非线性介质中光束的局域化表象或自捕获,即在传播过程中,其空间横截面积维持恒定、不发散。如图 2-3 所示,一方

面,由于衍射(diffraction,或叫绕射,即横向色散)窄光束会在空域自然展宽;另一方面,随着激光束功率的增加,介质的非线性变得相当重要。一般情况下,光束的存在会改变介质的电磁特性,如折射率、吸收和频率转化等。特别地,在克尔非线性介质中,折射率的改变量正比于光束的强度分布,从而使总折射率在光束中心处最大,在光束边缘处最小,这非常类似于普通的光学凸透镜。这种光束感应的"凸透镜"会使光束聚焦,称为自聚焦(self-focusing)效应。当介质的非线性带来的自聚焦效应和衍射效应严格平衡时,窄光束就会以不变的形状和尺寸在介质中传播,形成空间亮孤子。

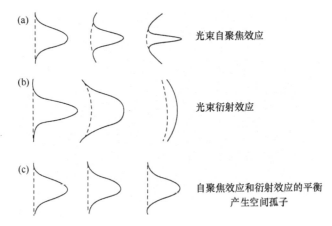

图 2-3　空间光孤子的形成(实线和虚线分别表示光束和相前轮廓图)[127]

虽然导致光束发散的衍射机制单一,但是平衡该衍射而产生空间孤子的自捕获机制则有多种多样,这就造成了空间孤子的多样性。例如,有空间克尔孤子[127]、光折变相干和非相干孤子[128]和光诱导光子晶格中的空间离散孤子群[129]等。

在光纤中传输的短脉冲,通常选择群速度色散很小的工作波长范围,因此通过光纤中很弱的克尔非线性(纤芯-包层相对折射率差近似为 10^{-10} 数量级),脉冲在长距离传播时(百米甚至千米数量级)就足以补偿色散得到时间孤子。在介质中由窄光束的衍射引起的光束扩展则要求较大的非线性才能补偿,克尔非线性必须在很高光强($>MW/cm^2$)下才可以补偿衍射,而且这种克尔孤子在高维数下是不稳定的。空间孤子的传播距离通常为厘米量级。

2.1.3　时空光孤子

时空光孤子(spatiotemporal optical solitons)又称光学子弹(light bullets)是强光脉冲在时空域局域化的一种表现。如果衍射、群速度色散分别与自聚焦、非线性自相位调制相平衡,使得出现一种在横向空间和时间上都可以局域化的光波,这种局域的光波为(2+1+1)维时空光孤子,或称之为光弹。它的形成机理与时间光孤子、(1+1)维和(2+1)维空间光孤子的形成相一致。图 2-4 显示了一个(2+1+1)维时空光孤子的形成过程。按维数来定义,(m+1+1)维时空光孤子是由 m 维的空间变量,加上 1 维的时间变量,在空间 1 维上传播形成的。

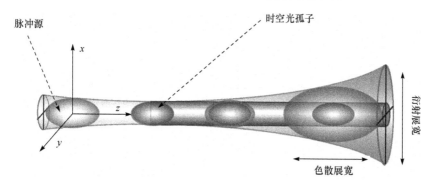

图 2-4 (2+1+1)维时空光孤子的形成过程[3]

历史上人们曾认为时空孤子是时间孤子和空间孤子的简单组合。这种看法是错误的,因为时空孤子的传播特征是光脉冲线性相积累和非线性相积累相互作用的结果,它们并不能简单地从通常的时间或空间孤子的基础上直接推测和了解。例如,在高维克尔介质中,空间光束在低功率时会衍射,在高功率时会塌陷或分裂成灯丝(filaments),并不会形成稳定的空间孤子;但是,额外群速色散的加入能适当延迟这种空间孤子的塌陷或分裂倾向,从而形成比较稳定的时空孤子。

2.2 包 络 孤 子

在 2.1 节中所说的时间光孤子指的就是载波的包络。在光纤中传输的这种包络有孤子的性质,因此,称为包络孤子。图 2-5(a)显示的就是载波及其包络的图形。如果用复振幅 $u(z,t)$ 表示慢变振幅光波的电场

$$u = \mathrm{Re}\{u(z,t)\exp[\mathrm{i}(k_0 z - \omega_0 t)]\} \tag{2.1}$$

其中,Re 表示取实部;k_0 和 ω_0 分别表示载波的波数和角频率。

根据傅里叶分析,包络函数 $u(z,t)$ 是时间和空间的慢变函数,如图 2-5(b)所示,包络波由一系列圆频率为 ω_0,$\omega_0 \pm N\Delta\omega_0$($N=1,2,3,\cdots$)的波叠加而成。

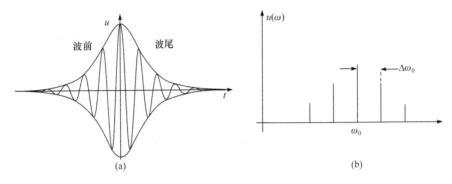

图 2-5　(a)包络孤子及其(b)频谱

2.3　色 散 效 应

从波动光学的理论来分析,色散效应是介质对电磁波的响应,即光纤介质的折射率依赖于光的频率,通常用折射率 n 与频率 ω 的函数关系 $n(\omega)$ 来表征光纤介质的色散性质。

光纤的色散分为模内色散和模间色散。对于多模光纤,不同的传输模有不同的传播速度,由此产生的色散称为模间色散。对单模光纤而言,模内色散是指光纤中存在的模式场的传播常数 β 是频率 ω 的函数,即 $\beta(\omega)=n(\omega)\dfrac{\omega}{c}$。模内色散的主要来源是波导色散、材料色散和极化色散。波导色散是由于传播常数对频率的依赖关系而产生的。用射线法讲,由于不同频率的波自光纤端面注入时,有不同的入射角,以便得到传输模,不同的入射角就有不同的沿光纤轴向的传播速度,因而产生(波导)色散。同种光纤材料对不同频率的波有不同的折射率,从而有不同的传输速度,由此产生的色散称为材料色散。由于波导色散和材料色散在实际测量中很难分开,故统称为频率色散。单模光纤中传播的两种极化模式由于传播速度不同而产生的色散称为极化色散。

在讨论单模光纤的色散问题时,频率色散是主要的,而极化色散不被考虑。频率色散可以用许多形式来表征,但这些表示式中总包含有

$$\beta_1(=\partial k/\partial \omega), \quad \beta_2(=\partial^2 k/\partial \omega^2), \quad \beta_3(=\partial^3 k/\partial \omega^3)$$

这样的项(对纤芯的折射率与包层的折射率很接近的弱导光纤,β 和 k 近似相等,可不区分它们)。其中,$\beta_1=1/v_g$(v_g 为群速度),表明信号按群速度 v_g 传输;$\beta_2=-\dfrac{1}{v_g^2}\dfrac{\mathrm{d}v_g}{\mathrm{d}\omega}$ 代表一阶色散(也称群速度色散),若无特别强调,"色散"一词一般指的是一阶色散;β_3 以上称为高阶色散。光纤的群速度色散一般用单位长度的群时延

τ 随波长的变化率来表征,称为色散参数 D

$$D=\frac{\mathrm{d}\tau}{\mathrm{d}\lambda}=\frac{\mathrm{d}}{\mathrm{d}\lambda}\left(\frac{1}{v_g}\right)=-\frac{2\pi ck''}{\lambda^2} \tag{2.2}$$

它的单位为 ps/(km·nm)。对于普通光纤,$\lambda=\lambda_0=1.30\mu\mathrm{m}$ 时,色散参数 $D=0$(相应的 λ_0 称为零色散波长)。对于 $\lambda>\lambda_0$,$\beta_2<0$ 的区域称为反常色散区域,反之,对于 $\lambda<\lambda_0$,$\beta_2>0$ 的区域称为正常色散区域。$\lambda=1.55\mu\mathrm{m}$ 时,$D\approx2\mathrm{ps}/(\mathrm{km·nm})$。事实上,频率色散主要来源于材料色散,只有在 $\lambda=\lambda_0$ 附近,波导色散和材料色散对于频率色散的贡献才相近。一般对于 β_2 而言,波导色散可以忽略。当将熔石英拉丝成单模光纤时,由于波导色散的贡献,光纤总色散为零的波长移至 $1.312\mu\mathrm{m}$。由此可见,波导色散对 β_2 的影响依赖于光纤设计参数(即纤芯的半径和纤芯与包层的折射率差)。利用这种特性,选择适当的纤芯半径和纤芯与包层的折射率差,可以将零色散波长 λ_0 移到光纤最小损耗波长 $1.55\mu\mathrm{m}$ 附近。这种光纤称为色散位移光纤,它在通信系统中有重要的应用价值。

下面讨论一阶色散对光纤中传输的无初始频率啁啾的线性光脉冲(脉冲各部分的频率成分相同)的影响,主要表现在使脉冲宽度在传输过程中逐渐展宽。所谓脉冲的频率啁啾(chirp)指脉冲的不同部位具有不同频率的现象,即频移沿脉冲形成一种分布,出现瞬时相移。一个没有初始啁啾的入射脉冲,它的载频经光纤传输后产生啁啾,因而脉冲从中心到两侧,其载频有着不同的瞬时频率。频率差为[130]

$$\delta\omega=\frac{2\mathrm{sgn}(\beta_2)(z/z_\mathrm{d})}{1+(z/z_\mathrm{d})^2}\frac{T}{T_0} \tag{2.3}$$

其中,T 是在随光脉冲一起以群速度 v_g 运动的坐标系中的时间量度;T_0 是输入光脉冲的半宽度,即强度的峰值降到 $1/e$ 处的半宽度;色散长度 $z_\mathrm{d}=T_0^2/|\beta_2|$,$\mathrm{sgn}(\beta_2)=\beta_2/|\beta_2|=\pm1$ 分别对应正、反常色散区。

由式(2.3)可知,脉冲从前沿到后沿的频率变化是线性的,因此称为线性啁啾。在正常色散区,$\beta_2>0$,所以 $\mathrm{sgn}(\beta_2)=+1$。脉冲的前沿($T<0$),$\delta\omega$ 为负,频率降低;后沿($T>0$),$\delta\omega$ 为正,频率增加,呈现正啁啾(或称上啁啾、升调啁啾),通俗称为"红头紫尾"。相反地,在反常色散区($\beta_2<0$),一个没有初始啁啾的高斯脉冲(光场可写为 $u(t)=A\exp(-rt^2+i\omega_{c0}t)$,$\omega_{c0}$ 为光载波频率),经光纤的传输后,变成了"紫头红尾"的啁啾脉冲,呈现负啁啾(或称下啁啾、降调啁啾)。这些就是色散介质的传播特性。在正常色散区,红光分量较紫光分量传输得快,脉冲前沿(红头)的分量要比后沿(紫尾)的分量传输得快些,从而使脉冲展宽。在反常色散区,情况恰好相反,紫光分量较红光分量传输得快,脉冲前沿(紫头)的分量也要比后沿(红尾)的分量传输得快些,所以,也将脉冲展宽。

由此可见,无论是在正常色散区还是在反常色散区,对于某一给定的色散长度 z_d,脉冲都有相同的展宽量。应当注意到,由色散引起的脉冲啁啾效应具有线性性质,而且啁啾效应的正或负取决于光纤色散 β_2 的符号。对于入射高斯脉冲具有初始频率啁啾的情况以及光纤的高阶色散对初始脉冲传输特性的影响情况比较复杂,我们不打算叙述,有兴趣的读者可以参看王景宁等的专著(见参考文献[131])。

2.4　非线性效应

光与物质(包括光纤介质)相互作用都会产生各种各样的物理效应,一般地讲,会引起介质折射率的变化。在不同的非线性介质中,折射率变化量的表达形式是不同的。有些非线性介质是局域响应的,即在某点折射率的改变只依赖于该点的光场强度,会产生克尔非线性、饱和非线性效应等;然而,在一些情况下,非线性介质的响应是依赖于它附近的光场强度,也就是说该介质是非局域响应的,会产生热光非线性、重取向和光折变非线性效应等。下面我们简要介绍一下在不同情况形成的非线性效应。

2.4.1　克尔非线性效应

现代理论认为光作用于介质,介质的电极化强度不与入射光场强度成简单的线性关系

$$\boldsymbol{P}=\varepsilon_0\chi\boldsymbol{E} \tag{2.4}$$

式中,系数 χ 为介质的电极化率; ε_0 是真空中介电常数; $\boldsymbol{E}$ 为入射光场强,而是成幂级数关系

$$\boldsymbol{P}=\varepsilon_0\left[\chi^{(1)}\cdot\boldsymbol{E}+\chi^{(2)}:\boldsymbol{E}\boldsymbol{E}+\chi^{(3)}\vdots\boldsymbol{E}\boldsymbol{E}\boldsymbol{E}+\cdots\right] \tag{2.5}$$

式中, $\chi^{(1)}$、$\chi^{(2)}$ 和 $\chi^{(3)}$ 分别为介质的一阶(线性),二阶(非线性)、三阶(非线性)电极化率。$\chi^{(j)}$ 是 $j+1$ 阶张量。由于 $\chi^{(2)}$ 和 $\chi^{(3)}$ 相对于 $\chi^{(1)}$ 来说比较小,在 $\boldsymbol{E}$ 不是很大的情况下可以省略 $\chi^{(2)}:\boldsymbol{E}\boldsymbol{E}$ 与 $\chi^{(3)}\vdots\boldsymbol{E}\boldsymbol{E}\boldsymbol{E}$ 等各项而成为线性关系。而如今的光纤通信都朝着大容量、长距离方向发展,要想使传输的距离更远。一个有效的方法就是增加入纤光功率,同时由于科技的发展,激光器的输出功率做得越来越大。由式(2.5)可知,$\boldsymbol{E}$ 的加大使得 $\chi^{(2)}:\boldsymbol{E}\boldsymbol{E}$ 与 $\chi^{(3)}\vdots\boldsymbol{E}\boldsymbol{E}\boldsymbol{E}$ 等各项不能忽略,因此便出现了非线性关系。此外,尽管石英材料本身并不是一种非线性材料,但光纤的结构使得光波以较高的能量沿很长的光纤聚集在很小的截面上,形成十分重要的非线性现象。在光纤介质中由于芯径很细,损耗又极低,因此高阶极化所占的比例大幅度增加,以至于达到不可忽略的程度。

目前,通信用的单模光纤是由石英玻璃掺杂拉制而成,其中 SiO_2 分子具有对称结构,所以它是一种各向同性(反演对称性)介质。在电偶极矩作用近似下,对具有对称中心的晶体和各向同性介质(气体、液体和玻璃体)而言,偶阶次的非线性电

极化率 $\chi^{(2)}$ 和 $\chi^{(4)}$ 等的所有张量元均为零。仅考虑光纤中最低阶的非线性电极化率 $\chi^{(3)}$ 的作用,会出现克尔效应,它是由三阶非线性电极化率 $\chi^{(3)}$ 的实数部分所引起的,是一种光学参量效应,即在非线性作用中介质不参与能量转换。

所谓克尔效应是一种折射率非线性效应,就是指光信号本身产生的光纤的折射率 n 正比于光纤中的光强度 $|E|^2$,用式子表示为

$$n(\omega,|E|^2)=n_0(\omega)+n_2|E|^2 \tag{2.6}$$

其中, $n_0(\omega)$ 是折射率的线性近似部分; n_2 是非线性折射率系数,也称克尔系数,它与 $\chi^{(3)}$ 的关系为 $n_2=\dfrac{3}{8n}\chi^{(3)}_{xxxx}$ 。对于 SiO_2 , n_2 的值约为 $1.2\times10^{-22}\,\mathrm{m/V^2}$ 。

虽然 n_2 的值很小,但它产生的非线性效应仍然是可观的。其原因如前所述:第一,光纤中的电场强度可以达到 $10^6\,\mathrm{V/m}$ 量级;第二,非线性效应随传输距离的增加而积累起来,而传输距离一般在几千米,几十千米,甚至几百千米。

自相位调制效应是一种典型的非线性效应。它是指光脉冲在光纤中传输时,由于光脉冲本身的光场引起介质折射率的变化而导致光脉冲波包的相位移动,即不同强度的光脉冲分量其相速不同(因折射率不同)导致脉冲在传输过程中产生不同的相位移动,结果造成脉冲谱变化的效应。

光场自身产生的相移

$$\varphi=nk_0l=(n_0+n_2|E|^2)k_0l \tag{2.7}$$

其中, $k_0=2\pi/\lambda$; l 为光纤长度。非线性相移

$$\varphi_{NL}=n_2|E|^2k_0l \tag{2.8}$$

就是 SPM 产生的。此外,它还导致超短脉冲频谱的展宽。在反常色散区,它和群速度色散联合作用使得孤子维持确定的形状。

与式(2.8)相应的频率调制(啁啾)为

$$\Delta\omega(t)=-\frac{\partial\varphi_{NL}}{\partial t} \tag{2.9}$$

由式(2.9)可看出,脉冲的前沿 $(\partial\varphi_{NL}/\partial t>0)$ 将具有比后沿 $(\partial\varphi_{NL}/\partial t<0)$ 更低的频率。同时,由于(反常色散区),结果脉冲前沿运动得比后沿更慢,引起脉冲压缩。如果这种压缩效应与 2.3 节提到的色散展宽效应相平衡,脉冲将稳定无变化地传输。这就是皮秒光孤子(基本孤子)形成的物理机制。

应特别引起注意的是,由 SPM 引起的啁啾与色散啁啾效应的一个根本不同在于,SPM 所导致的频率偏移将随着传输距离的增加而不断增大,即脉冲在传输过程中将不断产生出新的频率成分。这些新产生的光子扩大了脉冲激光光谱的带宽,意味着可产生更短的脉冲。而由色散引起的啁啾效应并不产生新的频率,而只是对脉冲所包含的各种频率成分进行重新安排(例如,在反常色散区,高频成分位于脉冲前沿,低频成分位于脉冲后沿)。对于更窄的脉冲(飞秒)和更高的输入功

率,高阶非线性效应就需要被考虑。高阶非线性效应主要有脉冲沿的自变陡(self-steepening,SS)和非线性响应延迟以及由此产生的孤子自频移(self-frequency shift,SFS)。

2.4.2　饱和非线性效应

在讨论空间光孤子的形成理论中,随着光束强度的增强,描述折射率变化时需要涉及更高阶的非线性,这些高阶非线性可使折射率在增加过程中出现停滞,进而出现饱和现象。这时,折射率的表达形式可以表示为

$$\Delta n(I) = \Delta n_{s}/(1 + I/I_{s}) \tag{2.10}$$

当 $I \gg I_{s}$ 时, $\Delta n(I)$ 渐近地达到 Δn_{s}。与克尔介质类似,饱和介质在高光强处像"凸透镜"一样会使光束聚焦,即自聚焦效应。然而,由于折射率的变化不能超过 Δn_{s},因此感应透镜最终将变宽而不是变强,进而使中心具有较弱的会聚能力,从而可抑制克尔介质中灾害性强聚焦的剧烈变化过程的产生。饱和非线性能够抑制光束灾害性的塌缩进而产生稳定的(2+1)维孤子[132]。

2.4.3　热光非线性效应

热过程可以引起非常大的非线性光学效应。激光在介质中传播时部分能量被介质吸收,而介质中吸收到能量的地方温度会增加,从而导致介质折射率的改变产生热光非线性效应。铅玻璃中钟形光束[133]的自陷就是这种非线性效应的结果。

在数学上,稳态条件下的热效应导致介质的折射率变化可以描述为

$$\Delta n = \left(\frac{dn}{dT}\right) T_{1} \tag{2.11}$$

其中, dn/dT 表示介质折射率与温度的依赖关系; T_{1} 表示激光诱导的温度的改变量[133]。介质温度在时间尺度上的改变相当长,因而热效应将导致与时间有关的强非局域非线性光学现象。在连续波辐射稳态条件下,温度改变量 T_{1} 服从热传导方程

$$\kappa \nabla^{2} T_{1} = -\alpha I(r) \tag{2.12}$$

其中, κ 为热传导系数; α 为介质线性吸收系数。方程(2.12)作为一个边值问题可以求解,然后通过方程(2.11)就可以得到空间某点的折射率。

2.4.4　重取向非线性效应

液晶相是介于液态和固态之间的中间相,因此它具有许多独特的性质和应用价值。光改变了液晶的介电张量而产生重取向非线性。这种非线性只依赖于光的极化强度,在一个很宽的波长范围内,它不依赖于波长。重取向非线性不仅可以在低光强作用下产生极大的折射率改变,而且其折射率的改变可以由外界的光或电

场来调制。

2.4.5　光折变非线性效应

当外界微弱的激光照到光折变晶体上时,晶体中的载流子被激发,在晶体中迁移并重新被捕获,使得晶体内部产生空间电荷场。然后,通过电光效应,空间电荷场改变晶体中折射率的空间分布,形成折射率光栅,从而产生光折变效应。光折变效应的显著特点是,在弱光作用下就可表现出明显的效应。漂移机制和光生伏打形成的光折变非线性是空间局域的,属于饱和非线性,而对于扩散机制形成的光折变非线性是空间非局域的。另外,光折变效应依赖于波长,短波长比长波长的光折变灵敏度高[134]。

2.5　脉冲自变陡和孤子自频移现象

脉冲自变陡和孤子自频移现象属于高阶非线性现象。当时间孤子的输入功率增加,且对于更窄的脉冲(飞秒),高阶非线性效应就需要被考虑。高阶非线性效应主要有脉冲沿的自变陡和非线性响应延迟及由此产生的孤子自频移。下面我们将阐述这两种高阶非线性效应。

2.5.1　脉冲自变陡现象

脉冲沿的自变陡是群速度对光强的依赖关系所引起的。脉冲传播的群速度[135]为

$$v_g = \frac{1}{k_0' + 3\delta_s T_0 I/I_{NL}} \tag{2.13}$$

由此可看出,群速度 v_g 是强度 I 的减函数。这意味着脉冲的波峰部分的运动速度比其底部更慢,因而导致峰值处被延迟,造成波峰向后沿移动,后沿变得越来越陡峭,因为这种现象发生在孤子自身,所以称为脉冲的"自变陡"现象。一个脉冲由于自变陡现象产生脉冲波形畸变,使得频谱也发生改变,从而造成 SPM 频谱展宽的不对称性。此外自变陡现象使不同阶的孤子简并破裂,产生衰变,导致光孤子脉冲的自塌陷现象。有关这方面的细节问题可参看王景宁等的专著(参见文献[131])。

2.5.2　孤子自频移现象

光孤子的 Raman 自频移现象最早是由 Mitschke 和 Mollenauer[136]在实验中发现的,他们发现 NLS 孤子存在频谱的自红移现象,接着 Gordon[137]发现这一现象的物理起源与光纤的非线性延迟响应有关,即光纤折射率的非线性部分与时间有关。

在描述孤子自频移现象之前我们需要给出受激拉曼散射现象的物理描述。受激拉曼散射是非线性光学效应之一。它与上述的克尔效应不同，是由三阶非线性电极化率 χ_3 的虚数部分所引起的，是一种非参量过程，即在非线性作用中介质要参与能量转换。从量子力学的观点来看，可认为受激拉曼散射是来源于自发拉曼发射的两光子受激过程。

图 2-6(a) 中，分子原来处于基态 $(\nu=0)$，例如，一个频率为 ω_l 的入射光子被吸收而跃迁到一个由虚设能级（图中用虚线表示）表示的中间状态上，则当该分子由虚设能级跃迁回到较低的 $(\nu=1)$ 能级上时，就产生一个频率为 $\omega_s=\omega_l-\omega_\nu$ 的斯托克斯(Stokes)光子。根据能量守恒，这时分子被激发到了能量 $h\omega_\nu$(h 为普朗克常量)的振动能级 $\nu=1$ 上。这是一个频率为 ω_l 的光子被吸收而激发出一个斯托克斯光子和一个频率为 ω_ν 的振动声子的过程。另外，如果分子原来就处在激发态 $\nu=1$ 上，如图 2-6(b) 所示，一个频率为 ω_l 的入射光子被吸收，激发出频率为 $\omega_{as}=\omega_l+\omega_\nu$ 的反斯托克斯(anti-Stokes)光子，分子回到基态。此后，将斯托克斯场和反斯托克斯场视为输入辐射。由于反斯托克斯散射与原来处于激发态的分子数有关，因此它的强度比斯托克斯散射低 $\exp[-\hbar\omega_\nu/(KT)]$ 倍，其中 K 为玻尔兹曼常量，T 为绝对温度。反斯托克斯散射光的强度强烈地依赖于温度，在低温下，它几乎完全消失。当然受激拉曼散射只有在入射光强超过某一阈值时才能产生。具体描述可参看刘颂豪等的专著(参见文献[135])。

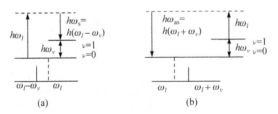

图 2-6　(a) 斯托克斯散射；(b) 反斯托克斯散射

我们可把受激拉曼散射看作分子与入射光子之间的"非弹性碰撞"过程。光纤中拉曼相互作用的存在，使光纤成为光泵浦放大器(pump amplifier)，这就是光纤中受激拉曼放大。由于超短光脉冲的频谱足够宽，同一脉冲的高频(蓝端)分量作为泵浦波通过受激拉曼放大将其所携带的能量转移给低频(红端)分量，随着传输距离的增加，这种能量转移表现为孤子频谱的红移(其频移量与脉宽 4 次方成正比)，而这种频移发生在孤子自身，所以称为孤子自频移。自频移将导致孤子频谱移出放大器增益带宽，使信号不能正常放大，同时自频移在时域上表现为孤子位置的漂移，造成定时抖动(time jitter)误码。抑制孤子频移的方法是在每个放大器后使用带通滤波器[138]。

第 3 章　理论研究方法

在光孤子理论研究中,主要根据理论模型——各种非线性薛定谔方程的可积性,对其进行解析和数值求解,研究光孤子的动力学行为。

对于可积非线性薛定谔方程的求解有多种解析方法。对其研究开始于 1972 年,前苏联著名科学家 Zakharov 和 Shabat[11] 用反散射变换法获得了标准非线性薛定谔方程的亮、暗孤子解。1987 年 Kodama 等[15] 利用多重尺度法导出了飞秒光脉冲在光纤中的传输演化方程——高阶非线性薛定谔方程。之后,人们采用各种方法,如行波变换法[139],广田直接法[18],贝克隆(Bäcklund)变换法[140],达布变换法[21] 以及直接设解[141] 等对高阶非线性薛定谔方程进行了解析研究。最近,国内外学者运用相似约化的方法[55,81,142] 解析研究了非均匀介质中光孤子的动力学行为。

对于一些高维、高阶的非线性薛定谔方程通常是不可积的,要研究这类方程所描述的光孤子的动力学行为一般采用数值方法。求解定态解可以采用打靶法、虚时法、高斯-赛德尔法、超松弛迭代法以及均匀法等[143];研究光孤子的动力学行为可以运用高精度辛算法[144]、分裂步长快速傅里叶变换(fast Fourier transformation,FFT)算法[145]、拟谱法[146] 等。

本章内容主要包括解析和数值求解非线性薛定谔方程的几种方法。在第 3.1 和 3.2 节我们分别介绍了解析方法:基于 AKNS 系统的达布变换法以及基于定态和标准非线性薛定谔方程的约化方法,第 3.3 节介绍了数值方法:分裂步长快速傅里叶变换算法,在第 3.4 节中介绍了解的稳定性分析方法,即本征值方法(又称线性稳定性分析方法)和直接数值模拟方法。

3.1　基于 AKNS 系统的达布变换法

达布变换最早发现于 1882 年,Darboux[147] 研究了一个二阶线性常微分方程(现在称之为一维薛定谔方程)的特征值问题

$$-\phi_{xx} - u(x)\phi = \lambda\phi \tag{3.1}$$

其中,$u(x)$ 是给定的函数,称为势函数;λ 是常数,称为谱参数。

借助达布变换,由一组函数 (u, ϕ) 变化为满足同一方程的另一组函数 (u', ϕ'),并且这种变换可以一直进行下去,即 $(u, \phi) \longrightarrow (u', \phi') \longrightarrow (u'', \phi'') \longrightarrow \cdots$ 这样可以得到多孤子解的表达式。达布变换是一种规范变换。

下面考虑基于 AKNS 系统的达布变换[148]，它是 1973 年由 Ablowitz，Kaup，Newell 和 Segur 引入的一套比较一般的 Lax 对[149]。以 2×2 矩阵形式为例，设达布阵 D 是 2×2 矩阵，对给定的任意解 Φ，它的 AKNS 系统为线性微分方程组

$$\Phi_t = L\Phi = (\lambda\sigma_3 + P)\Phi$$
$$\Phi_z = M\Phi = \sum_{j=0}^{n} M_j \lambda^{n-j}\Phi \tag{3.2}$$

其中，$\Phi = (\Phi_1, \Phi_2)^T$，T 表示矩阵的转置。Lax 算符 L 和 M 具有如下形式

$$L = \lambda\sigma_3 + P, \quad M = \begin{pmatrix} A & B \\ C & -A \end{pmatrix} \tag{3.3}$$

且

$$\sigma_3 = \begin{pmatrix} 1 & 0 \\ 0 & -1 \end{pmatrix}, \quad P = \begin{pmatrix} 0 & p \\ q & 0 \end{pmatrix} \tag{3.4}$$

若 P 的各非对角元素互相独立，则称系统(3.2)是无约化的。下面讨论无约化 AKNS 系统的达布变换。系统的达布变换使 $\Phi' = D\Phi$ 满足与系统(3.2)形式相同的线性方程组

$$\Phi'_t = L'\Phi = (\lambda\sigma_3 + P')\Phi'$$
$$\Phi'_z = M'\Phi - \sum_{j=0}^{n} M'_j \lambda^{n-j}\Phi' \tag{3.5}$$

其中，P' 是对角元为 0 的适当的 2×2 矩阵函数，则称变换 $(P, \Phi) \longrightarrow (P', \Phi')$ 为无约化 AKNS 系统的达布变换，$D(t, z, \lambda)$ 为达布阵，且有

$$L' = DLD^{-1} + D_t D^{-1}$$
$$M' = DLD^{-1} + D_z D^{-1} \tag{3.6}$$

假定 $D = \lambda I - S$，$S = (s_{ij})$ 为 2×2 矩阵，I 为 2×2 单位矩阵，D^{-1} 表示 D 的逆矩阵。将式(3.6)代入式(3.5)并比较 λ 的系数有

$$P' = P + [\sigma_3, S]$$
$$S_t = [\sigma_3 S + P, S] \tag{3.7}$$

式(3.7)中方括号表示对易关系。当且仅当 S 满足式(3.7)时，$D = \lambda I - S$ 是式(3.2)的达布阵。由此可见，求出了方程组(3.7)所满足的 S，就可以找到达布阵 D。具体操作如下：设 P 是 $P_z = M_{n,t}^{off} + [P, M_n]^{off}$ 的解，上脚标 off 表示相应矩阵的对角元为 0。取不完全相等的复数 λ_1, λ_2，记 $\Lambda = \mathrm{diag}(\lambda_1, \lambda_2)$，令 $h_i (i = 1, 2)$ 为式(3.2)中当 $\lambda = \lambda_i$ 时的列向量解，$H = H(h_1, h_2)$。当 $\det H \neq 0$ 时，令 $S = H\Lambda H^{-1}$，则可证明[148]

$$D = \lambda I - S = \lambda I - H\Lambda H^{-1} \tag{3.8}$$

是式(3.2)的达布阵。至此我们得到了一次达布变换，可以将其推广至 n 次达布

变换

$$D=(\lambda I-S_n)(\lambda I-S_{n-1})\cdots(\lambda I-S_1) \tag{3.9}$$

具体过程可参见专著[148]。

以上讨论的 AKNS 系统的达布变换都是无约化的,即 P 的非对角元素之间互相独立。事实上,我们在物理系统中遇到的情况均存在约束。考虑这些约束条件,并保证这些约束条件在作达布变换后仍然成立是非常有技巧性的。近年来有许多类型已解决得很好,如 KdV 梯队、mKdV-SG 梯队、NLS 梯队等,对于整个梯队可以使用统一的方法处理,且系数可与 t 有关,但是还缺乏普适的方法[148]。

考虑 NLS 梯队,在式(3.4)中取 $p=u,q=-u^*$ 则可得到它相应的 Lax 对为

$$\Phi_t=L\Phi=\begin{pmatrix}\lambda & u\\ -u^* & -\lambda\end{pmatrix}\Phi$$

$$\Phi_z=M\Phi=\begin{pmatrix}A & B\\ C & -A\end{pmatrix}\Phi \tag{3.10}$$

其中,A,B,C 均是 λ 的多项式(λ,u,A,B,C 均可取复值),上标 $*$ 表示复共轭,且满足 $A(-\lambda^*)=-A^*(\lambda),B(-\lambda^*)=-C^*(\lambda)$。由可积条件 $\Phi_{tz}=\Phi_{zt}$ 可得

$$L_z-M_t+[L,M]=0 \tag{3.11}$$

将 A,B,C 代入式(3.11)并比较 λ 的幂次,可得各幂次前系数满足的关系和非线性发展方程[148]

$$u_z=b_{n,t}+2ua_n \tag{3.12}$$

选取适当的 a_n,b_n,n 值可得非线性薛定谔方程

$$iu_z=u_{tt}+2|u|^2u \tag{3.13}$$

取 $h_1=(\varphi_1,\varphi_2)^{\mathrm{T}}$ 是方程(3.10)当 $\lambda=\lambda_1$ 时的一个非平凡解,则 $h_2=(-\varphi_2^*,\varphi_1^*)^{\mathrm{T}}$ 是方程(3.10)当 $\lambda=-\lambda_1^*$ 时的解,其中上标 T 表示矩阵的转置。于是

$$\Lambda=\begin{pmatrix}\lambda_1 & 0\\ 0 & -\lambda_1^*\end{pmatrix}, \quad H=\begin{pmatrix}\varphi_1 & -\varphi_2^*\\ \varphi_2 & \varphi_1^*\end{pmatrix} \tag{3.14}$$

所以 S 的矩阵元为

$$S_{kl}=-\lambda_1^*\delta_{kl}+\frac{(\lambda_1+\lambda_1^*)\varphi_k\varphi_l^*}{\Delta} \tag{3.15}$$

其中,$k,l=1,2;\Delta=\det H=|\varphi_1|^2+|\varphi_2|^2\neq0$。由方程(3.7)的第一式

$$\begin{pmatrix}0 & u_1\\ -u_1^* & 0\end{pmatrix}=\begin{pmatrix}0 & u\\ -u^* & 0\end{pmatrix}+\begin{pmatrix}1 & 0\\ 0 & -1\end{pmatrix}\begin{pmatrix}S_{11} & S_{12}\\ S_{21} & S_{22}\end{pmatrix}-\begin{pmatrix}S_{11} & S_{12}\\ S_{21} & S_{22}\end{pmatrix}\begin{pmatrix}1 & 0\\ 0 & -1\end{pmatrix}$$

$$\tag{3.16}$$

有达布变换

$$u_1 = u + 2S_{12} = u + 2\frac{(\lambda_1 + \lambda_1^*)\varphi_1\varphi_2^*}{|\varphi_1|^2 + |\varphi_2|^2} \tag{3.17}$$

类似地,进行 n 次达布变换,可以得到 N-孤子解的一般表达式

$$u_n = u + 2\sum_{m=1}^{n}\frac{(\lambda_m + \lambda_m^*)\varphi_{1,m}(\lambda_m)\varphi_{2,m}^*(\lambda_m)}{A_m} \tag{3.18}$$

其中

$$\varphi_{k,m+1}(\lambda_{m+1}) = (\lambda_{m+1} + \lambda_m^*)\varphi_{k,m}(\lambda_{m+1}) - \frac{B_m}{A_m}(\lambda_m + \lambda_m^*)\varphi_{k,m}(\lambda_m)$$

$$A_m = |\varphi_{1,m}(\lambda_m)|^2 + |\varphi_{2,m}(\lambda_m)|^2 \tag{3.19}$$

$$B_m = \varphi_{1,m}(\lambda_{m+1})\varphi_{1,m}^*(\lambda_m) + \varphi_{w,m}(\lambda_{m+1})\varphi_{2,m}^*(\lambda_m)$$

且 $m=1,\cdots,n, k=1,2$,$(\varphi_{1,1}(\lambda_1),\varphi_{2,1}(\lambda_1))^T$ 是方程(3.10)当 $\lambda=\lambda_1$ 时的本征函数。这样可以从所求方程的一个已知种子解 u 出发,通过求解线性方程组(3.10)获得所求方程的一个新解 u_1。特别地,从所求方程的平凡种子解 $u=0$ 出发,应用式(3.18)就可得到方程的 N-孤子解。

3.2　相似约化方法

最早由 Serkin 等[28] 提出了非线性薛定谔方程自相似变换的雏形。最近,Ponomarenko 等[63] 和 Kruglov 等[55] 利用相似约化方法研究了 1+1 维非线性光学介质的自相似孤子脉冲。Belmonte-Beitia 等[142] 将时空调制的变系数非线性薛定谔方程相似约化为定态非线性薛定谔方程。山西大学的李录等[80] 也在光孤子自相似理论的研究中取得一系列进展。兰州大学的罗洪刚等[150] 将 1+1 维变系数非线性薛定谔方程相似约化为非线性薛定谔方程。上海交通大学的楼森岳等[151] 将 3+1 维变系数非线性薛定谔方程约化为 3+1 维常系数非线性薛定谔方程并讨论了孤子的蛇形演化行为。浙江师范大学的张解放等[81] 通过相似变换方法对高功率超短自相似激光的产生及其相互作用进行了研究。宁波大学的贺劲松等[152] 将 1+1 维三次-五次方变系数非线性薛定谔方程相似约化为三次-五次方常系数非线性薛定谔方程。如上所述,国内外学者已经发展了基于定态和标准非线性薛定谔方程的自相似约化方法。

3.2.1　基于定态非线性薛定谔方程的约化方法

对于非均匀介质中描述光脉冲的变系数非线性薛定谔方程为

$$iu_z + \beta(z)\sum_{j=1}^{n}u_{x_jx_j} + W(u,u_{x_j},|u|,\cdots) = 0 \tag{3.20}$$

其中,各项中的下标表示求导数;方程第二项中 $n=1,2,3$ 分别表示 1+1,2+1 和

3+1 维,(x_1, x_2, x_3) 分别表示迟滞时间和横向空间坐标 (t, x, y);最后一项 $W(\cdots)$ 中所有项的系数都是传播距离 z 的函数。

基于定态非线性薛定谔方程的约化方法的基本步骤如下:

采用相似变换

$$u = A(z)U[X(x_j)]\exp[i\varphi(x_j)] \tag{3.21}$$

将方程(3.20)约化为常系数定态非线性薛定谔方程

$$EU + BU_{XX} + \sum_{k=1}^{N} G_{2k+1} \mid U \mid^{2k} U = 0 \tag{3.22}$$

其中,E, B, G_{2k+1} 都是常数,$k = 1, 2, 3, \cdots$ 对应于不同阶的非线性。方程(3.22)中的 k 取值与方程(3.20)的最高次非线性一致。

第一步:将变换(3.21)代入方程(3.20)并考虑方程(3.22),可得到关于 U 及其导数的多项式。令各多项式前系数为零,可得到关于 A, X, φ 的一系列偏微分方程组。

第二步:求解关于 A, X, φ 的一系列偏微分方程组,获得 A, X, φ 的表达式。

第三步:将获得的 A, X, φ 以及常系数定态非线性薛定谔方程(3.22)的解代入变换(3.21),得到方程(3.20)的解。

3.2.2　基于标准方程的约化方法

基于定态方程的约化方法一般可获得单自相似解和周期自相似解,若要获得多自相似解,我们可以采用基于标准非线性薛定谔方程的约化方法。其基本步骤如下:

采用相似变换

$$u = A(z)U[X(x_j), Z(z)]\exp[i\varphi(x_j)] \tag{3.23}$$

将方程(3.20)约化为常系数标准非线性薛定谔方程

$$iU_Z + BU_{XX} + \sum_{k=1}^{N} G_{2k+1} \mid U \mid^{2k} U = 0 \tag{3.24}$$

其中,B, G_{2k+1} 都是常数,$k = 1, 2, 3, \cdots$ 对应于不同阶的非线性。方程(3.24)中的 k 取值与方程(3.20)的最高次非线性一致。

第一步:将变换(3.23)代入方程(3.20)并考虑方程(3.24),可以得到关于 U 及其导数的多项式。令各多项式前系数为零,可以得到关于 A, X, Z, φ 的一系列偏微分方程组。

第二步:求解关于 A, X, Z, φ 的偏微分方程组,获得 A, X, Z, φ 的表达式。

第三步:将获得的 A, X, Z, φ 以及常系数标准非线性薛定谔方程(3.24)的解代入变换(3.23),得到方程(3.20)的解。

如果求解的是变系数高阶非线性薛定谔方程

$$iu_z + \beta(z)\sum_{j=1}^{n} u_{x_j x_j} + W(u, u_{x_j}, |u|, |u|_{x_j}^2, \cdots) = 0 \qquad (3.25)$$

那么所对应约化的常系数高阶非线性薛定谔方程为

$$iU_Z + BU_{XX} + \sum_{k=1}^{N} G_{2k+1}|U|^{2k}U - i\alpha_3 U_{XXX} - i6\alpha_3|U|^2 U_X = 0 \qquad (3.26)$$

其中，B, G_{2k+1}, α_3 都是常数，$k=1,2,3,\cdots$对应于不同阶的非线性。方程(3.26)中的 k 取值与方程(3.25)的最高次非线性一致。其他步骤与方程(3.20)的求解过程相同。

3.3　分裂步长快速傅里叶变换算法

　　光孤子的动力学行为可以运用高精度辛算法[144]、分裂步长快速傅里叶变换算法[145]、拟谱法[146]等进行运算。在相同精度下求解非线性薛定谔方程的各种方法中，由于分裂步长快速傅里叶变换算法相对于大多数差分方法运算快，已得到广泛运用。下面我们以 1+1 维克尔光纤孤子传播为例来介绍分裂步长快速傅里叶变换算法。

　　描述克尔介质中孤子传播的非线性薛定谔方程可写为

$$i\frac{\partial u}{\partial z} = -\frac{1}{2}\frac{\partial^2 u}{\partial x^2} - R(x)u + |u|^2 u \qquad (3.27)$$

方程(3.27)表示光脉冲沿光纤传播时受到色散(或衍射)和非线性效应的共同作用，$R(x)$项表示横向调制。

　　为使用分裂步长快速傅里叶变换算法求解，先将方程(3.27)改写成如下形式

$$\frac{\partial u}{\partial z} = i\left[\frac{1}{2}\frac{\partial^2}{\partial x^2} + R(x) - |u|^2\right]u = (\hat{D} + \hat{N})u \qquad (3.28)$$

其中，线性算子 $\hat{D} = i\frac{1}{2}\frac{\partial^2}{\partial x^2}$ 表示孤子在光纤中受到的衍射；非线性算子 $\hat{N} =$ $i[R(x) - |u|^2]$ 决定了脉冲在传输时介质的非线性效应等。

　　一般来说，光脉冲沿光纤传播时受到色散(或衍射)和非线性效应的共同作用。但若在传播距离很短的情况下，两者可以分别独立相互作用。分步傅里叶数值算法的基本思想是这样的，假设孤子在传播一段极小距离 h 过程中，色散(或衍射)效应和非线性效应可以分别作用，得到近似的结果。也就是说脉冲从 z 到 $z+h$ 的过程中，色散(或衍射)效应和非线性效应分成先后两步进行。第一步，只考虑非线性效应，非线性算子单独作用，方程(3.28)中的线性算子 $\hat{D}=0$；第二步，只考虑色散(或衍射)效应，线性算子单独作用，方程(3.28)中的非线性算子 $\hat{N}=0$。这样方程(3.28)就可以表示成如下的两个式子：

线性部分 $\quad \dfrac{\partial u}{\partial z} = \mathrm{i}\,\dfrac{1}{2}\dfrac{\partial^2 u}{\partial x^2}$ (3.29)

非线性部分$\dfrac{\partial u}{\partial z} = \mathrm{i}\big[R(x)u - |u|^2 u\big]$ (3.30)

为了获得更快的计算速度以及更好的精确度，依据对称性质，一般我们在计算过程中采用对称分步傅里叶算法，将非线性效应的作用点放在小区间的中部（图 3-1）。

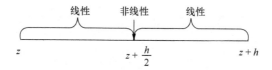

图 3-1 对称分步傅里叶算法的思想

该方法具体过程为：第一步，线性算符 $\hat{D}$ 单独作用，光从 z 传播至 $z+\dfrac{h}{2}$；第二步，非线性算符 $\hat{N}$ 单独作用，光从 z 传播到 $z+h$；第三步，线性算符 $\hat{D}$ 单独作用，光从 $z+\dfrac{h}{2}$ 传播至 $z+h$。用数学式表示，即

$$u(z+h,x) \approx \exp\Big(\frac{h}{2}\hat{D}\Big)\exp(h\hat{N})\exp\Big(\frac{h}{2}\hat{D}\Big)u(z,x)$$ (3.31)

下面具体说明对称 FFT 方法：

第一步：求解线性算子

$$\frac{\partial u}{\partial z} = \widetilde{D}u = \mathrm{i}\,\frac{1}{2}\frac{\partial^2 u}{\partial x^2}$$ (3.32)

对 $u = u\Big(z+\dfrac{h}{2},x\Big)$ 进行傅里叶变换，有

$$\tilde{u} = \tilde{u}\Big(z+\frac{h}{2},\omega\Big) = \int_{-\infty}^{+\infty} u\Big(z+\frac{h}{2},x\Big)\exp(\mathrm{i}\omega x)\mathrm{d}x$$ (3.33)

其中，$\tilde{u}\Big(z+\dfrac{h}{2},\omega\Big)$ 是 $u\Big(z+\dfrac{h}{2},x\Big)$ 的傅里叶变换。利用傅里叶变换的微分性质，方程（3.32）可化为一个常微分方程

$$\frac{\partial \tilde{u}}{\partial z} = \frac{\mathrm{i}}{2}(\mathrm{i}\omega)^2 \tilde{u}$$ (3.34)

解方程（3.34）得 $\tilde{u}\Big(z+\dfrac{h}{2},\omega\Big) = \tilde{u}(z,\omega)\exp\Big(-\dfrac{\mathrm{i}\omega^2}{2}\cdot\dfrac{h}{2}\Big)$，其中 $\tilde{u}(z,\omega)$ 是 $u(z,x)$ 的傅里叶变换。接着，将 $\tilde{u}(z,\omega)$ 作反傅里叶变换得到 $u(z,x)$，就可获得方程（3.32）的解为

$$u\left(z+\frac{h}{2},x\right)=F^{-1}\left\{F\left[u(z,x)\exp\left(-\frac{\mathrm{i}\omega^2}{2}\cdot\frac{h}{2}\right)\right]\right\} \tag{3.35}$$

其中,F 和 F^{-1} 分别表示傅里叶的正、反变换。

第二步:求解非线性算子

$$\frac{\partial u}{\partial z}=\widetilde{N}u=\mathrm{i}[R(x)-|u|^2]u \tag{3.36}$$

将解(3.35)的 $u\left(z+\dfrac{h}{2},x\right)$ 作为初始条件,解非线性方程(3.36)得到

$$u(z+h,x)=\exp\{\mathrm{i}[R(x)-|u|^2]h\}\cdot u\left(z+\frac{h}{2},x\right) \tag{3.37}$$

第三步:重复第一步运算过程,但初始条件用方程(3.35)中的 $u\left(z+\dfrac{h}{2},x\right)$ 代入,类似可得

$$u(z+h,x)=F^{-1}\left\{F\left[u\left(z+\frac{h}{2},x\right)\exp\left(-\frac{\mathrm{i}\omega^2}{2}\cdot\frac{h}{2}\right)\right]\right\} \tag{3.38}$$

经过以上三步骤运算,可得到孤子从 z 传播至 $z+h$ 时经过光纤色散(或衍射)效应和非线性效应后的形状,即孤子从 $u(z,x)$ 演化为 $u(z+h,x)$。把上面的三个步骤归纳起来,方程(3.27)完整的求解公式为

$$u(z+h,x)=F^{-1}\Bigg\{F\Bigg\{\exp[\mathrm{i}(R(x)-|u|^2)h]$$

$$\times F^{-1}\left[F\left[u(z,x)\exp\left(-\frac{\mathrm{i}\omega^2}{2}\cdot\frac{h}{2}\right)\right]\right]\Bigg\}\cdot\exp\left(-\frac{\mathrm{i}\omega^2}{2}\cdot\frac{h}{2}\right)\Bigg\} \tag{3.39}$$

由上可知,只要我们确定初始位置的孤子形状 $u(z=0,x)$,利用表达式(3.39)就可以得到任意位置处的孤子包络 $u(z,x)$。本书将采用对称分步傅里叶算法作为数值模拟计算的基础。

3.4　稳定性分析

孤子解的稳定性是孤子理论中的重要问题。只有稳定的孤子解才能被实验所发现和证实,所以解的稳定性分析至关重要,对实际问题的解决具有不可替代的必要性。

考虑平面波在光纤中传输的线性稳定性问题。不考虑光纤损耗的皮秒脉冲传输的控制方程为以下非线性薛定谔方程

$$\mathrm{i}\frac{\partial u}{\partial z}=-\frac{1}{2}\frac{\partial^2 u}{\partial x^2}-p\cos(\Omega x)u-|u|^2u \tag{3.40}$$

如果其定态解为 $u(x,z)=W(x)\exp(\mathrm{i}bz)$,其中 b 为传播常数,则由方程(3.40)有

$$bW = \frac{1}{2}\frac{\partial^2 W}{\partial x^2} + p\cos(\Omega x)W + W^3 \tag{3.41}$$

下面我们可以运用本征值方法(又称线性稳定性分析方法)和直接数值模拟方法来讨论定态解 $W(x)$ 的稳定性问题。

3.4.1　本征值方法

假设加入微扰后的定态解[153]为

$$u(x,z) = W(x)\exp(ibz) + U(x)\exp[i(b+\lambda)z] + V^*(x)\exp[i(b-\lambda^*)z] \tag{3.42}$$

其中, $U(x)$ 和 $V(x)$ 为微扰分量,它们在传输过程中以复增长率 λ 增长。若 λ 的虚部等于零则说明定态解 $W(x)$ 是稳定的。

将方程(3.42)代入方程(3.40),我们得到线性本征方程组

$$\lambda U = \frac{1}{2}\frac{\mathrm{d}^2 U}{\mathrm{d}x^2} + W^2(2U+V) + p\cos(\Omega x)U - bU \tag{3.43}$$

$$\lambda V = -\frac{1}{2}\frac{\mathrm{d}^2 V}{\mathrm{d}x^2} - W^2(2V+U) - p\cos(\Omega x)V + bU \tag{3.44}$$

接下来用数值方法求解 λ 的值。将 x 在 $x\in[-a,a]$ 的区域内以间距 $h=2a/N$ 离散,同时定义 U_k 和 V_k 为坐标点 $x_k \equiv -a+(k-1)h$ 或者格点 $k(k=1,2,\cdots,N+1)$ 的函数。这样,线性本征方程组(3.43)和(3.44)有如下本征方程的差分格式

$$\lambda U_k = \alpha U_{k-1} + \beta_k U_k + \chi_k V_k + \alpha U_{k+1} \tag{3.45}$$

$$\lambda V_k = -\alpha V_{k-1} - \chi_k U_k - \beta_k V_k - \alpha V_{k+1} \tag{3.46}$$

其中, $\alpha = \frac{1}{2h^2}$; $\beta_k = 2W_k^2 + p\cos(\Omega x_k) - b - \frac{1}{b^2}$; $\chi_k = W_k^2$ 。

特别地,由孤子局域性要求 $U_1 = V_1 = 0, U_{N+1} = V_{N+1} = 0$ 可得

$$\lambda U_2 = \beta_2 U_2 + \chi_2 V_2 + \alpha U_3 \qquad \lambda U_N = \alpha U_{N-1} + \beta_N U_N + \chi_N V_N$$
$$\lambda V_2 = -\chi_2 U_2 - \beta_2 V_2 - \alpha V_3 \qquad \lambda V_N = -\alpha V_{N-1} - \chi_N U_N - \beta_N V_N$$

和

利用差分格式(3.45)和(3.46)可以数值求出 λ 的值,如果求得的 λ 的虚部等于零则定态解 $W(x)$ 是稳定的,否则定态解 $W(x)$ 不稳定。

3.4.2　直接数值模拟

除了以上用本征值方法分析解的线性稳定性问题外,我们还可以用对称分步傅里叶算法来更直观地讨论解的稳定性问题。其主要思想是在初值中叠加上白噪声放入原方程中演化,观察白噪声对解的扰动情况。通过观察演化图来判断光孤子的稳定性。其步骤如下:

（1）运用解析或数值方法求出精确解或近似解；

（2）在解中令 $z=0$，构建出初解；

（3）在初解的振幅和相位上叠加上随机白噪声；

（4）将叠加后的初解放入原方程中用 3.3 节中介绍的对称分步傅里叶算法进行演化运算；

（5）根据长距离的演化结果判断解的稳定性。如果演化后的波形与初解变化不大，不受随机白噪声影响，则说明解是稳定的，否则解是不稳定的。

3.5　小　　　结

本章主要介绍了解析和数值求解非线性薛定谔方程的几种基本方法。

解析方法主要介绍了基于 AKNS 系统的 Darboux 变换方法以及基于定态薛定谔方程和基于标准薛定谔方程的两种约化方法，其中，基于标准方程的约化方法比基于定态方程的约化方法更一般。基于定态方程的约化方法一般可获得单自相似解和周期自相似解，若要获得多自相似解，我们可以采用基于标准方程的约化方法。数值方法主要介绍了分裂步长快速傅里叶变换算法。此外，还介绍了解的稳定性分析方法，即本征值方法（又称线性稳定性分析方法）和直接数值模拟方法。本征值方法和直接数值模拟方法两种方法相互比对研究，有利于更好地解决问题。这些方法是本书研究光学自相似孤子和光学畸形波动力学参量调控和动力学操控行为的主要方法。

第 4 章　1＋1 维自相似脉冲的操控研究

孤子控制的研究是光孤子应用中一个全新而且重要的课题。伴随系统传输速率的提高，脉冲频谱得到进一步展宽，则系统更易遭受光放大器自发辐射噪声的影响，因而 Gorden-Haus 效应（幅度抖动和定时抖动）更加严重。同时，利用非线性效应与色散效应平衡造成孤子脉冲的功率不能任意地提高。虽然通过减小孤子脉宽或增加光纤色散来增加孤子功率的确能提高信噪比（SNR），但同时却造成了更为严重的定时抖动，这使得普通孤子系统的应用受到了一定的限制。实际上，在不采取其他控制措施的情况下，普通孤子的传输性能甚至不如传统的非归零（NRZ）脉冲。

为解决上述问题，人们提出多种孤子控制技术，其中在线性传输系统里得到应用的色散管理（dispersion manage，也称色散控制）技术由于其优势突出、应用简便而迅速得到广泛重视。此方案在传输线路上周期性交替采用正负色散光纤来降低路径平均色散，极大地修正了光纤通信系统的非线性光学性质和孤子传输的性质。周期性色散控制技术应用于孤子系统，不仅可以提高孤子信号的发射功率以提高信噪比，同时也能降低定时抖动，有效地解决了普通孤子传输中高信噪比和低相互作用不能兼顾的问题。通过对成本、实现难度和效率的评估分析表明，色散管理孤子传输方案是实现高速长距离光纤通信的一种优选方案。

与一般光孤子相比，自相似脉冲只与入射脉冲的初始能量和光纤参数有关，且具有与入射脉冲的能量和形状无关、很强的线性啁啾便于脉冲压缩、在高功率传播时有抵御光波分裂的能力等特性。由于以上性质，使得自相似脉冲在光纤通信、非线性光学、超快光学和瞬态光学等领域中具有非常重要的应用前景[52,66,154]，近年来引起了国内外同行的广泛关注。

早期，人们主要研究光纤中 1＋1 维的自相似脉冲。Anderson 等[51]给出了关于抛物线形短脉冲在具有正群速度色散和强的非线性光纤中的自相似传输的理论描述。之后，孤子型自相似脉冲[55]、厄米-高斯型自相似脉冲[155]和混合型自相似脉冲[84]陆续受到人们的关注。Finot 等[62]用全光器件对自相似脉冲在光纤通信系统中的应用进行了数值模拟和实验研究。冯杰等给出了常系数[71]和色散渐减[72]光纤中 Ginzburg-Landau 方程自相似脉冲演化的解析解。涂成厚等[73]研究了正常色散光纤放大器中超短脉冲的自相似演化条件。

本章内容主要讨论 1＋1 维孤子型自相似脉冲的动力学行为。在 4.1 节中，我们讨论了由色散和非线性平衡产生的 1＋1 维时间自相似脉冲的演化行为。在

4.2 节中,我们讨论了由衍射和非线性平衡产生的 1+1 维空间自相似脉冲的传输和操控问题。

4.1　1+1 维时间自相似孤子

本节主要讨论色散、非线性和增益或损耗相互平衡所产生的 1+1 维时间自相似子的动力学行为以及控制问题。

4.1.1　理论模型及时间自相似孤子解

在实际光纤中,纤芯往往是非均匀的[156]。产生这种现象的主要原因有光纤介质的晶格参数变化导致相邻两原子的距离在整个光纤上不是常数以及由光纤直径的波动所导致的光纤几何形状的变化等。这种光纤的非均匀影响了孤子形成所需的色散、自相位调制、损耗或增益等各种效应,使得它们都不是常数,而是光纤轴向坐标的函数[157]。此外,在实际光纤中由于损耗使光脉冲功率沿光纤指数衰减,使非线性和色散效应之间的平衡遭到破坏,影响了光孤子的传输,因此人们通常采取使光纤参数(色散和非线性)沿纵向缓慢变化[158,159]或利用绝热放大[160]的方法来维持光孤子在实际通信系统中的传输。这样在光纤通信中,孤子的传输遵循变系数非线性薛定谔方程。

自从 Bogatyrev 等[26]在实验室实现了光纤中双曲型衰减的群速度色散控制,并进一步在孤子通信中实现了色散管理光孤子和孤子脉冲串[26],从而使变系数非线性薛定谔方程的研究引起了人们的高度重视,并得到了广泛的研究[27-30]。为研究 1+1 维时间自相似子,我们考虑如下变系数非线性薛定谔方程

$$\mathrm{i}u_z + \frac{1}{2}\beta(z)u_{tt} + \sum_{n=1}^{N} g_{2n+1}(z)\,|u|^{2n}u = \mathrm{i}\gamma(z)u \qquad (4.1)$$

其中,$u(z,t)$ 表示归一化光波电场强度复振幅的包络,z 表示沿传输方向归一化的距离,t 表示归一化时间;$\beta(z)$,$g_{2n+1}(z)$ 分别是纵向距离缓变的二阶色散和非线性系数;$\gamma(z)$ 是绝热放大(增益,$\gamma>0$)或损耗($\gamma<0$)。方程(4.1)中不同阶的非线性表示不同的传输控制模型。

当皮秒脉冲在非均匀光纤中传输时,方程(4.1)的非线性系数中 $n=1$,则演化方程为如下的变系数非线性薛定谔方程

$$\mathrm{i}u_z + \frac{1}{2}\beta(z)u_{tt} + g_3(z)\,|u|^2u = \mathrm{i}\gamma(z)u \qquad (4.2)$$

该方程还可以被用来研究孤子控制和孤子管理。Serkin 等解析求解了该方程,从孤子的优化控制、能量积聚、孤子放大、色散管理、非线性管理以及综合管理等方面研究了具有分布参数系统中孤子的传输特性[28,29]。该方程的精确亮、暗、灰孤子

也已被讨论[30,161]。最近,该方程的精确自相似解,包括亮、暗自相似孤子解以及周期解,均被提出[55,65]。

当入射场强变大,非克尔非线性效应需要考虑(方程(4.1)的非线性系数取到 $n=2$),脉冲在非均匀光纤中传输由变系数三次-五次非线性薛定谔方程来描述

$$iu_z+\frac{1}{2}\beta(z)u_{tt}+g_3(z)|u|^2u+g_5(z)|u|^4u=i\gamma(z)u \tag{4.3}$$

其中,三次-五次非线性是对介质折射率的非线性修正而引起,即考虑介质折射率为 $\delta n=n_2|u|^2-n_4|u|^4$。这种非线性可以由掺杂两种半导体材料于光纤中制作而成,其中一种半导体材料具有正折射率且有大的饱和强度 $I_{sat}^{(1)}$,另一种半导体材料具有负折射率(大小与正折射率接近)且有小的饱和强度 $I_{sat}^{(2)}$($\ll I_{sat}^{(1)}$)[162]。对方程(4.3)的研究最早开始于 Serkin 的工作[163]。之后,我国的郝瑞宇[164]和张解放[165]研究小组都对该方程开展了研究,获得了精确的亮、暗、扭结孤子。

下面我们运用 3.2.1 节中介绍的基于定态方程的约化方法来求解方程(4.1)。根据该方法,利用相似变换

$$u(z,t)=\rho(z)U[T(z,t)]\exp[i\varphi(z,t)] \tag{4.4}$$

其中,待定变量 $\rho(z)$ 是振幅;$T(z,t)$ 是变换参数;$\varphi(z,t)$ 是相位,将方程(4.1)约化为常系数定态非线性薛定谔方程

$$EU+\frac{1}{2}BU_{TT}+\sum_{n=1}^{N}G_{2n+1}|U|^{2n}U=0 \tag{4.5}$$

其中,参数 E,B,G_{2n+1} 是常数。

这样,可以得到如下关于 $\rho(z),T(z,t)$ 和 $\varphi(z,t)$ 的偏微分方程组

$$\rho_z+\frac{1}{2}\beta\rho\varphi_{tt}-\gamma\rho=0,\quad T_z+\beta T_t\varphi_t=0,\quad T_{tt}=0 \tag{4.6}$$

以及

$$\beta\left(\frac{\partial}{\partial t}\phi\right)^2B+2\left(\frac{\partial}{\partial z}\phi\right)B+2E\left(\frac{\partial}{\partial t}T\right)^2\beta=0$$
$$-\beta\left(\frac{\partial}{\partial t}T\right)^2G_{2n+1}+g_{2n+1}\rho^{2n}B=0 \tag{4.7}$$

由方程(4.6)最后一式可得

$$T(z,t)=\kappa(z)t+\omega(z) \tag{4.8}$$

其中,$1/\kappa(z)$ 为脉宽,$-\omega(z)/\kappa(z)$ 为脉冲质心位置。将方程(4.8)代入方程(4.6)的前两式可得

$$T=\frac{t-t_c(z)}{W(z)},\quad W(z)=W_0[1-s_0D(z)],\quad t_c(z)=t_0-(r_0+s_0t_0)D(z)$$

$$\tag{4.9}$$

和

$$\rho=\frac{\rho_0}{\sqrt{W(z)}}\exp[\Gamma(z)],\quad \varphi=-\frac{(s_0/2)t^2}{1-s_0D(z)}-\frac{r_0t}{1-s_0D(z)}-\frac{(BW_0^2r_0^2+2E)D(z)}{2BW_0^2[1-s_0D(z)]}+\varphi_0$$

$$(4.10)$$

其中，$D(z)=\int_0^z\beta(s)\mathrm{d}s$ 为累积的色散效应；$\Gamma(z)=\int_0^z\gamma(s)\mathrm{d}s$ 为累积的增益或损耗效应；$W(z)$ 为脉宽；$t_c(z)$ 为脉冲中心位置；波速由 $(r_0+s_0t_0)\beta(z)$ 决定；下脚标 0 表示各参数的初值；其中，s_0 和 r_0 分别表示波前的初始弯曲和位置；t_0 为脉冲中心的初始位置；ρ_0，W_0 和 φ_0 分别表示振幅、脉宽和相位初值。

特殊地，当方程(4.9)和方程(4.10)中的啁啾消失，即 $s_0=0$，则脉宽为常数 W_0，脉冲中心位置为 $t_c(Z)=t_0-r_0\int_0^z\beta(s)\mathrm{d}s$，相位为 $\varphi=-r_0t-\frac{BW_0^2r_0^2+2E}{2BW_0^2}\int_0^z\beta(s)\mathrm{d}s+\varphi_0$，振幅为 $\rho=\frac{\rho_0}{\sqrt{W(z)}}\exp[\Gamma(z)]$。这种解就是一般的无啁啾的孤子解。

将方程(4.9)和方程(4.10)代入方程(4.7)得到以下方程参数的约束条件

$$g_{2n+1}(z)=\frac{G_{2n+1}}{B\rho_0^{2n}}\beta(z)W(z)^{n-2}\exp[-2n\Gamma(z)]\quad(n=1,2,\cdots,N)\quad(4.11)$$

该条件表明，相似子或孤子解存在的条件是系统参数二阶色散、非线性效应以及增益或损耗的精确平衡。在这些参数中，任意选择两个变量，其他参数可以通过方程(4.11)求出。若参数 $\beta(z)$ 和 $\gamma(z)$ 选定，g_{2n+1} 就可以确定。对于一些特殊的情况，方程(4.11)可以得到满足。例如，当参数 $\beta(z)$ 和 $\gamma(z)$ 均为常数，或者它们以色散渐减方式变化[158]，该条件可以满足。甚至，在常数增益的被动锁模光纤[166]中该条件也可以满足。

至此，我们可以知道：在满足约束条件(4.11)的情况下，变系数非线性薛定谔方程(4.1)可以通过相似变换(4.4)(其中参数具有方程(4.9)和方程(4.10)的形式)转化成常系数定态薛定谔方程(4.5)。由于方程(4.5)比方程(4.1)更易求解而且解的形式更丰富，通过相似变换(4.4)和方程(4.5)的解我们可以得到方程(4.1)的丰富的解。

下面举两个特例，也就是利用相似变换(4.4)求出方程(4.2)和方程(4.3)的解。

特例一　变系数非线性薛定谔方程。

对于方程(4.2)，其约化方程为方程(4.5)中取 $n=1$，故该方程的解为

$$u=\frac{1}{W_0[1-s_0D(z)]}\sqrt{\frac{\eta(k)E\beta(z)}{Bg_3(z)}}f\left(\sqrt{\frac{v(k)E}{B}}\frac{t-t_c(z)}{[1-s_0D(z)]},k\right)\exp[i\varphi(z,t)]$$

$$(4.12)$$

其中,$\varphi(z,t)$ 由方程(4.10)给出,函数 $f(\cdot,k)$ 为雅可比椭圆函数[167] $\text{sn}(\xi,k)$,$\text{cn}(\xi,k)$,$\text{dn}(\xi,k)$,$\text{sd}(\xi,k)$,$\text{cd}(\xi,k)$,$\text{nd}(\xi,k)$ $\text{ns}(\xi,k)$,$\text{nc}(\xi,k)$,$\text{ds}(\xi,k)$,$\text{dc}(\xi,k)$,$\text{sc}(\xi,k)$,$\text{cs}(\xi,k)$,$k(0<k<1)$ 为模数。对于以上的雅可比椭圆函数解有不同的 $\eta(k)$ 和 $\nu(k)$。例如,当 $f(\cdot,k)$ 为雅可比椭圆正弦函数 $\text{sn}(\xi,k)$,则 $\eta(k)=-\dfrac{2k^2}{k^2+1}$ 和 $v(k)=\dfrac{2}{k^2+1}$,当 $f(\cdot,k)$ 为雅可比椭圆余弦函数 $\text{cn}(\xi,k)$,则 $\eta(k)=\dfrac{2k^2}{1-2k^2}$ 和 $v(k)=\dfrac{2}{1-2k^2}$,对应地,当模数 $k\longrightarrow 1$,函数 $\text{sn}(\xi,k)\longrightarrow\tanh(\xi)$,$\text{cn}(\xi,k)\longrightarrow\text{sech}(\xi)$。

需要注意的是,方程(4.12)包含很多文献给出的结果。当 $t_c(z)$ 为常数,函数 $f(\cdot,k)$ 取不同的雅可比椭圆函数,可获得文献[55]中的解(33)~(48)。若方程(4.12)中的啁啾消失,即 $s_0=0$,我们可以得到文献[168]中的周期波解和亮、暗孤子解(24),(25),(32),(33),(36)以及(37)。此外,文献[169]中的亮、暗孤子解(38)和(40)以及文献[32]中的亮孤子解(7)可以通过在方程(4.12)中选取 $\text{sn}(\xi,k)$ 和 $\text{cn}(\xi,k)$ 并取 $k\longrightarrow 1$ 得到。

特殊地,函数 $f(\cdot,k)$ 也可以是雅可比椭圆函数的组合解,如

$$f=k\text{cn}\left(\sqrt{\frac{v(k)E}{B}}\frac{t-t_c(z)}{W_0[1-s_0D(z)]},k\right)+\text{dn}\left(\sqrt{\frac{v(k)E}{B}}\frac{t-t_c(z)}{W_0[1-s_0D(z)]},k\right)$$

(4.13)

那么,$\eta(k)=-\dfrac{1}{k^2+1}$ 和 $v(k)=-\dfrac{4}{k^2+1}$,以及当

$$f=\frac{\text{sn}\left(\sqrt{\dfrac{v(k)E}{B}}\dfrac{t-t_c(z)}{W_0[1-s_0D(z)]},k\right)}{1+\text{dn}\left(\sqrt{\dfrac{v(k)E}{B}}\dfrac{t-t_c(z)}{W_0[1-s_0D(z)]},k\right)}$$

(4.14)

那么,$\eta(k)=-\dfrac{k^4}{2-k^2}$ 和 $v(k)=\dfrac{4}{2-k^2}$。

特例二　变系数三次-五次非线性薛定谔方程。

对于方程(4.3),其约化方程为方程(4.5)中取 $n=2$,故该方程的解为

$$u=\frac{\rho_0}{\sqrt{W_0[1-s_0D(z)]}}\sqrt{\mu+\delta f\left(\frac{t-t_c(z)}{W_0[1-s_0D(z)]},k\right)}\exp[\Gamma(z)+\mathrm{i}\varphi(z,t)]$$

$$=\frac{\rho_0}{W_0[1-s_0D(z)]}\sqrt{\frac{G_3\beta(z)}{Bg_3(z)}}\sqrt{\mu+\delta f\left(\frac{t-t_c(z)}{W_0[1-s_0D(z)]},k\right)}\exp[\mathrm{i}\varphi(z,t)]$$

(4.15)

其中,函数 $f(\cdot,k)$ 可选取方程(4.12)中的 12 种雅可比椭圆函数。存在以上解要求方程(4.5)中的参数满足不同条件。例如,当 $f(\cdot,k)$ 为雅可比椭圆正弦函数 $\mathrm{sn}(\xi,k)$,则 $E=-\dfrac{Bk^2}{8}(5m^2-1)$,$G_3=\pm\dfrac{Bk^2m^2}{\mu}$ 和 $G_5=-\dfrac{3Bk^2m^2}{8\mu^2}$。当 $f(\cdot,k)$ 为雅可比椭圆余弦函数 $\mathrm{cn}(\xi,k)$,则 $E=\dfrac{Bk^2}{8}(4m^2+1)$,$G_3=\mp\dfrac{Bk^2m^2}{\mu}$ 和 $G_5=\dfrac{3Bk^2m^2}{8\mu^2}$。特殊地,当方程(4.15)中的啁啾消失,即 $s_0=0$,文献[165]中的亮孤子和扭结孤子解(22)和(24)可以由上面的两种雅可比椭圆函数解令 $k\longrightarrow1$ 得到。

方程(4.3)也存在雅可比椭圆函数的组合解

$$u=\frac{\rho_0}{\sqrt{W_0[1-s_0D(z)]}}\sqrt{\frac{v\left[1-k^2\,\mathrm{sn}^2\left(\dfrac{t-t_c(z)}{W_0[1-s_0D(z)]},k\right)\right]}{k^2\left[\mu-\delta\,\mathrm{cn}^2\left(\dfrac{t-t_c(z)}{W_0[1-s_0D(z)]},k\right)\right]}}\exp[\Gamma(z)+\mathrm{i}\varphi(z,t)]$$

(4.16)

存在该解要求方程(4.5)中的参数满足

$$E=\frac{B(k^4\mu+k^4\delta-2k^2\mu-\delta)}{2(k^2\mu+k^2\delta-\delta)}$$

$$G_3=\frac{Bk^2(k^2\mu^2-k^2\delta^2+2\mu\delta+\delta^2)}{v(k^2\mu+k^2\delta-\delta)}\ \text{和}\ G_5=\frac{3Bk^4\mu\delta(\mu+\delta)}{2v^2(k^2\mu+k^2\delta-\delta)}$$

此外,方程(4.3)还存在雅可比椭圆函数的分数形式解

$$u=\frac{\rho_0}{\sqrt{W_0[1-s_0D(z)]}}\sqrt{\frac{A+Cf\left(\dfrac{t-t_c(z)}{W_0[1-s_0D(z)]},k\right)}{L+Mf\left(\dfrac{t-t_c(z)}{W_0[1-s_0D(z)]},k\right)}}\exp[\Gamma(z)+\mathrm{i}\varphi(z,t)]$$

(4.17)

其中,函数 $f(\cdot,k)$ 可选取方程(4.12)中的 12 种雅可比椭圆函数。对应不同的雅可比椭圆函数,参数 A,C,L 和 M 的值也不同。例如,当 $f(\cdot,k)$ 为雅可比椭圆正弦函数 $\mathrm{sn}(\xi,k)$ 时,$C=A$

$$E=\frac{B(5k^2L-L+k^2M-5M)}{8(M-L)},\quad G_3=\frac{B(LM+2M^2-2k^2L^2-k^2LM)}{2A(M-L)}$$

$$G_5=\frac{2B(L+M)(k^2L^2-M^2)}{8A^2(M-L)}$$

当 $f(\cdot,k)$ 为雅可比椭圆函数 $\mathrm{nc}(\xi,k)$ 时,$C=A$

$$E=\frac{B(4k^2L-5L-4k^2M-M)}{8(L-M)},\quad G_3=\frac{B(LM+2L^2+2k^2M^2-2k^2L^2)}{2A(L-M)}$$

$$G_5 = \frac{3B(L+M)(k^2L^2-L^2-M^2)}{8A^2(L-M)}$$

与此相对应的亮相似子解为

$$u = \frac{\rho_0}{\sqrt{W_0[1-s_0D(z)]}} \sqrt{\frac{A}{L+M\cosh\left(\dfrac{t-t_c(z)}{W_0[1-s_0D(z)]}\right)}} \exp[\Gamma(z)+\mathrm{i}\varphi(z,t)]$$

$$(4.18)$$

其中，$E = -\dfrac{B}{8}$，　$G_3 = \dfrac{BL}{2A}$，　$G_5 = \dfrac{3B(M^2-L^2)}{8A^2}$。特殊地，当方程（4.18）中的啁啾消失，即 $s_0 = 0$，可以得到文献[164]中的暗孤子解（5）。

4.1.2　光纤中自相似脉冲传输特性及操控

　　基于以上解析解，我们可以讨论自相似脉冲传输特性及操控问题。上述解中包含有任意的函数，即色散和非线性项函数的任意性，由方程（4.9）和方程（4.10）可知，选择这些函数的不同形式可以实现对波速、振幅、中心位置等物理量的调节与控制，因而我们可以实现各种情况下的自相似脉冲传输的操控。作为一个例子，我们讨论如下的周期分布增益系统中自相似脉冲传输特性及操控问题。该系统中，色散和非线性系数分别具有以下形式[164]：

$$\beta(z) = \beta_0 \cos(\alpha z)\exp(\sigma z) \tag{4.19}$$

和

$$g_3(z) = g_{30}\cos(\alpha z) \tag{4.20}$$

其中，g_{30} 和 α 是非均匀的克尔非线性参数；β_0 描述变化的群速度色散。当 $\sigma < 0$ 时，在物理上该系统可表示色散渐减光纤。

　　通过方程（4.13）和方程（4.14），可以讨论周期分布增益系统中自相似周期脉冲的演化行为。在这里我们省略它们，主要讨论亮、暗自相似脉冲的传输特性。

　　首先，考虑克尔介质中皮秒自相似脉冲传输行为。亮、暗自相似脉冲可以通过方程（4.13）和方程（4.14）中令 $k \longrightarrow 1$ 得到。图 4-1(a) 描述了周期分布增益系统中亮自相似脉冲传输行为。从图中发现脉冲的强度（$I=|u|^2$）迅速地变化。图 4-1(b) 展示了亮自相似脉冲（$s_0 = 0.2$）和亮孤子（$s_0 = 0$）传输行为的比较。从图中可以看出两种结构初始的形状一致，经过等距离传输后亮孤子的振幅变化不大，脉宽不变，而亮自相似脉冲的振幅与脉宽变化明显。它们的脉宽变化情况如图 4-2(a) 所示，亮孤子在传输过程中脉宽保持不变，亮自相似脉冲的脉宽呈周期振荡变化，周期为 4π。因而，我们可以根据需要获得亮自相似脉冲的展宽或压缩，从而实现操控。此外，亮自相似脉冲的线性啁啾相位和亮孤子的非啁啾相位情况如图 4-2(b) 所示。

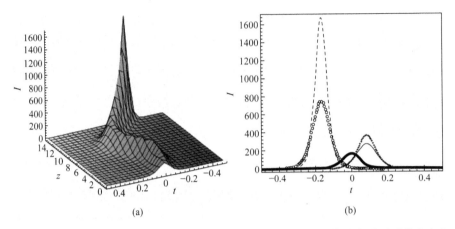

(a)　　　　　　　　　　　　　　　　(b)

图 4-1　(a) 周期分布增益系统中亮自相似脉冲传输行为；(b) 周期分布增益系统中亮自
相似脉冲($s_0=0.2$)和亮孤子($s_0=0$)传输行为比较

图(b) 中圆环实线表示 $z=0$ 处的亮自相似脉冲和亮孤子，实线和叉线分别表示 $z=8$ 处的亮自相似
脉冲和亮孤子，虚线和圆环线分别表示 $z=15$ 处的亮自相似脉冲和亮孤子。这里我们取定 $k=1$，
$g_{30}=-0.3$，　$\alpha=0.5$，　$\beta_0=0.2$，　$t_0=0$，　$w_0=r_0=\sigma=0.1$，　$B=0.4, E=-0.5$

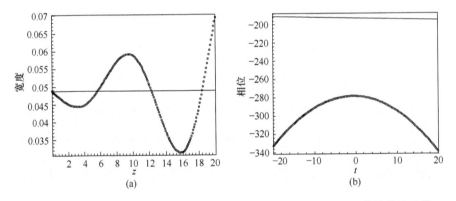

(a)　　　　　　　　　　　　　　　　(b)

图 4-2　周期分布增益系统中亮自相似脉冲($s_0=0.2$)和亮孤子($s_0=0$)传输特性比较：
(a)脉冲宽度比较和(b)相位比较

图中圆环线表示亮自相似脉冲，实线表示孤子。参数同图 4-1

　　图 4-3(a)描述了周期分布增益系统中暗自相似脉冲传输行为。图中发现脉
冲的强度也发生迅速地变化。图 4-3(b)展示了暗自相似脉冲($s_0=0.2$)和暗孤子
($s_0=0$)传输行为的比较。从图中我们可以看出它们的行为比较特征与亮自相似
脉冲和亮孤子类似，两种结构初始的形状一致，经过等距离传输后孤子的振幅变化
不大，脉宽不变，而自相似脉冲的振幅与脉宽变化明显。它们的脉宽变化情况和相
位比较类似于图 4-2，这里不再重复介绍。

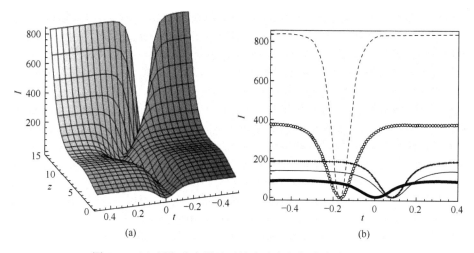

图 4-3　(a)周期分布增益系统中暗自相似脉冲传输行为；
(b)周期分布增益系统中暗自相似脉冲(s_0=0.2)和暗孤子(s_0=0)传输行为比较
图(b)中的线型表示含义和参数同图 4-1

接着，讨论非克尔非线性效应存在时自相似脉冲的演化行为，即方程(4.3)自相似解的演化行为。亮、暗自相似脉冲可以通过方程(4.15)中令 $k \longrightarrow 1$ 以及方程(4.18)得到。它们的演化行为如图 4-4 所示。我们可以将图 4-4 中的自相似脉冲与克尔非线性效应存在时自相似脉冲的图 4-1 和图 4-3 比较。图 4-1 中随着传输距离的增加，亮自相似脉冲的两翼始终在 I=0 的位置，而图 4-4(a)中亮自相似脉冲的两翼随着传输距离地增加而增高。图 4-3 中随着传输距离的增加，暗自相似脉冲的中心始终在 I=0 的位置，即始终为黑自相似脉冲(光束中心处光强最小且为零)，而图 4-4(b)中暗自相似脉冲的中心随着传输距离的增加而增高，即由黑自相似脉冲逐渐变为灰自相似脉冲(脉冲中心处光强最小但不为零)。

最后，讨论平顶自相似脉冲组合方程(4.16)的演化行为。平顶自相似脉冲因其在顶端有一个平台而得名(图 4-5)。它可以通过在均匀连续波背景光中作为嵌入部分而获得。与之相应的，就为平顶孤子[170]。可以通过在方程(4.16)中取 s_0=0 而获得平顶孤子。这种结构在非线性薛定谔方程(4.2)的解中未发现，因而这种在脉冲顶端出现的平台可能是来源于非克尔非线性效应。

从图 4-5 中发现，与亮、暗自相似脉冲一样，平顶自相似脉冲的强度也发生迅速地变化。图 4-5(b)展示了平顶自相似脉冲(s_0=0.2)和平顶孤子(s_0=0)传输行为的比较。从图中我们可以看出两种结构初始的形状一致，经过等距离传输后平顶孤子的振幅变化不大，脉宽不变，而平顶自相似脉冲的振幅与脉宽均变化明显。这些特征与亮、暗自相似脉冲和亮、暗孤子的行为类似。

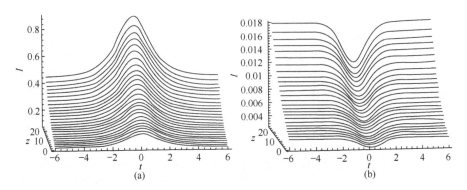

图 4-4   周期分布增益系统中(a)亮自相似脉冲和(b)暗自相似脉冲传输行为

这里我们取 $w_0=r_0=s_0=t_0=0.1, \mu=L=1, \delta=M=0.5, A=0.2, \sigma=0.01, B=0.4, E=0.5,$

$$g_{30}=0.3, \alpha=0.5, \beta_0=0.2$$

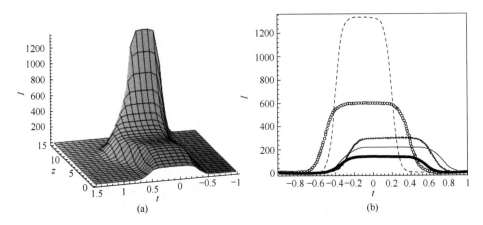

图 4-5   (a)周期分布增益系统中平顶自相似脉冲传输行为;(b)周期分布增益系统中平顶自
相似脉冲($s_0=0.2$)和平顶孤子($s_0=0$)传输行为比较

图(b)中的线型表示含义同图 4-1,参数选取同图 4-4

4.2   1+1维空间自相似孤子

在 4.1 节内容中,我们讨论了 1+1 维时间自相似脉冲在光纤中的传输特性。但是只获得单自相似解和周期自相似解,多自相似解没有讨论。本节我们主要讨论衍射、非线性和增益或损耗相互平衡所产生的 1+1 维空间多自相似子的动力学行为以及控制问题。

4.2.1　理论模型及空间自相似孤子解

如果光脉冲在无色散介质中传输，则脉冲的群速度等于相速度，它在传输过程中将不会被展宽。如果介质脉冲功率足够大（必须达到一定的极限值），介质的非线性效应较明显，介质的折射率、吸收和频率转化等电磁特性会改变，产生自聚焦（self-focusing）或者自散焦（self-defocusing）效应。同时，由于空间中任何有限的一束光在介质中传输时会产生衍射效应导致光脉冲的展宽。这样，利用衍射效应来抵消自聚焦（或自散焦）效应就可以形成空间光孤子。

一般情况下，介质的折射率 n 可以写成介质的线性折射率 n_0 和各种原因引起的微扰之和，如介质横向不均匀引起的折射率分布 n_1 和非线性引起的非线性折射率 n_2，则折射率可以表示成 $n＝n_0＋n_1 F(z)x^2＋n_2 R(z)I(z,x)$[37-39]。其中函数 $F(z)$ 描述横向维光衍射强弱，其值的正负分别表示缓变折射率作为自聚焦和自散焦的线性透镜作用；函数 $R(z)$ 描述非均匀的克尔非线性；n_2 的正负分别表示自聚焦和自散焦效应；$I＝|u|^2$ 为光强。

上述考虑光束在增益或损耗的非线性介质中传输时的数学模型为[171]

$$iu_z＋\frac{1}{2}D(z)u_{xx}＋R(z)|u|^2u＋F(z)x^2u＝i\frac{G(z)}{2}u \qquad (4.21)$$

其中，$u(z,x)$ 表示归一化光波电场强度复振幅的包络，z 表示沿传输方向归一化的距离，x 表示归一化空间变量，它们分别被 $(k_0|n_2|L_D)^{1/2}$，L_D，ω_0 归一化，这里 $k_0＝2\pi n_0/\lambda$ 是对应入射光束波长 λ 的波数，$L_D＝k_0\omega_0^2$ 为衍射长度，$\omega_0＝(2k_0^2 n_1)^{-1/4}$ 为入射光束单位宽度；函数 $D(z)$ 为衍射系数；$R(z)$ 为自聚焦或自散焦效应的非线性系数；$G(z)$ 表示介质的增益（其值为正）或损耗（其值为负）。

下面运用 3.2.2 节中介绍的基于标准方程的约化方法来求解方程(4.21)。根据该方法，利用相似变换

$$u(z,x)＝\rho(z)U(Z,X)\exp[i\varphi(z,x)] \qquad (4.22)$$

其中，待定变量 $\rho(z)$ 是振幅；$Z(z)$ 是有效的传输距离；$X(z,x)$ 是变换参数；$\varphi(z,x)$ 是相位，将方程(4.21)约化为常系数标准非线性薛定谔方程

$$iU_Z＋\frac{\epsilon}{2}U_{XX}＋|U|^2U＝0 \qquad (4.23)$$

其中，参数 ϵ 是常数，其值取 ±1。方程(4.23)相应分别有亮、暗多孤子解。

这样，可以得到如下关于 $\rho(z)$，$Z(z)$，$X(z,x)$ 和 $\varphi(z,x)$ 的偏微分方程组

$$2\rho_z＋D\rho\varphi_{xx}－G\rho＝0,\quad X_z＋DX_x\varphi_x＝0 \qquad (4.24)$$

$$X_{xx}＝0,\quad D\varphi_x^2＋2\varphi_z－2Fx^2＝0 \qquad (4.25)$$

以及

$$DX_x^2＝\epsilon Z_z,\quad \rho^2 R＝Z_z \qquad (4.26)$$

由方程(4.25)的第一式可得

$$X = k(z)x + \omega(z) \tag{4.27}$$

将方程(4.27)代入方程(4.24)的第二式可得

$$k(z) = \frac{\varepsilon R(z)}{W_0 D(z)} \exp[\Gamma(z)], \quad \omega(z) = \int_0^z \frac{R^2(s)}{D(s)} \exp[2\Gamma(s)] \tag{4.28}$$

以及相位

$$\varphi(z, x) = \frac{W_z}{2DW} x^2 - \frac{W_0^2}{W} x - \frac{W_0^4}{2} \int_0^z \frac{D(s)}{W^2(s)} ds \tag{4.29}$$

其中 $\Gamma(z) = \int_0^z G(s)ds$。从上式可以看出脉冲的相位为线性啁啾相位。

将方程(4.28)代入方程(4.24)的第一式以及方程(4.26)并对方程(4.27)中的 X 进行整理,可得相似变量、光束的宽度、中心位置、振幅以及有效传输距离的形式为

$$X = \frac{x - x_c(z)}{W(z)}, \quad W(z) = \frac{W_0 D}{R\varepsilon \exp(\Gamma)}, \quad x_c(z) = -W \int_0^z \frac{W_0^2 D(s)}{W^2(s)} ds$$

$$\rho(z) = \frac{1}{W} \sqrt{\frac{D}{R\varepsilon}}, \quad Z = \int_0^z \frac{D(s)}{W^2(s)\varepsilon} ds \tag{4.30}$$

将上述结果代入方程(4.25)的第二式可以得到系统参数间的约束关系为

$$F(z) = \frac{DW_{zz} - D_z W_z}{2D^2 W} \tag{4.31}$$

若相位啁啾消失,即 $W_z = 0$,则上式 $F(z) = 0$。由于方程 (4.21)中 $F(z) \neq 0$,所以相位的啁啾特性是上述解存在的基本要求。此外,上述解的一个重要特征是,光束的宽度函数 $W(z)$ 影响了解的形成参数,如相似变量、中心位置、振幅、相位啁啾以及有效传输距离等。

这里获得的相似变换(4.22)包含很多文献给出的解。当 $D(z) = 1, R(z) = \pm 1$,相似变换(4.22)为文献[63]中的(9)式。当 $D(z) = 1$,相似变换(4.22)为文献[172]中的(4a)式。当 $D(z) = 1, R(z) = \sigma$(常数),相似变换(4.22)为文献[173]中的(5)式。当 $D(z) = 2, G(z) = 0$,变换(4.22)为文献[174]中的(5)式。

至此,我们得到如下结论:在满足约束条件(4.31)的情况下,变系数非线性薛定谔方程(4.21)可以通过相似变换(4.22)(其中参数具有方程(4.29)和(4.30)的形式)转化成常系数标准薛定谔方程(4.23)。由于方程(4.23)比方程(4.21)更容易求解而且已被很多学者导出,故通过相似变换(4.22)和方程(4.23)的解我们可以得到方程(4.21)的丰富的解。在这里,我们仅给出多自相似子解。

下面我们给出亮、暗多自相似子解的解析形式。通过相似变换(4.22)和方程(4.23)运用 3.1 节中达布变换方法获得亮多孤子解[175],我们可以得到方程(4.21)的亮多自相似子解有以下形式

$$u = \sqrt{\varepsilon}\rho(z)\mathrm{e}^{\mathrm{i}\varphi(z,x)}G_1/F_1 \qquad (4.32)$$

其中

$$G_1 = a_1\cosh\theta_2\,\mathrm{e}^{\mathrm{i}\phi_1} + a_2\cosh\theta_1\,\mathrm{e}^{\mathrm{i}\phi_2} + \mathrm{i}a_3(\sinh\theta_2\,\mathrm{e}^{\mathrm{i}\phi_1} - \sinh\theta_1\,\mathrm{e}^{\mathrm{i}\phi_2})$$

$$F_1 = b_1\cosh(\theta_1+\theta_2) + b_2\cosh(\theta_1-\theta_2) + b_3\cos(\phi_2-\phi_1)$$

$$\theta_k = \eta_k[X-\varepsilon\xi_k Z] - \theta_{k0}, \qquad \phi_k = \xi_k X + \frac{\varepsilon}{2}(\eta_k^2-\xi_k^2)Z - \phi_{k0}$$

$$a_k = \frac{\eta_k}{2}\big[\eta_k^2 - \eta_{3-k}^2 + (\xi_1-\xi_2)^2\big]$$

$$b_k = \frac{1}{4}\{[\eta_1+(-1)^k\eta_2]^2 + (\xi_1-\xi_2)^2\}, \quad a_3 = \eta_1\eta_2(\xi_1-\xi_2), \quad b_3 = -\eta_1\eta_2, \quad k=1,2$$

上面的解中 $\rho(z),\phi(z,x)$ 以及 $Z(z)$ 和 $X(z,x)$ 分别由方程(4.29)和(4.30)给出。

通过相似变换(4.22)和方程(4.23)的暗多孤子解,可以得到方程(4.21)的暗多自相似子解有以下形式

$$u = \sqrt{-\varepsilon\mu}\rho(z)\mathrm{e}^{\mathrm{i}\varphi(z,x)+\mathrm{i}\psi(Z,X)}(1+G_2/F_2) \qquad (4.33)$$

其中

$$G_2 = 4\mu(\rho_1+\rho_2-2\mu) - 4\mathrm{i}\frac{\lambda_1+\lambda_2}{\eta_1+\eta_2}Q, \quad F_2 = 4\mu^2 + \left(\frac{\lambda_1+\lambda_2}{\eta_1+\eta_2}\right)^2 Q, \quad Q = (\rho_1-\mu)(\rho_2-\mu)$$

$$\psi(Z,X) = (\mu^2+\delta^2/2)\varepsilon Z - \delta X - \psi_0, \quad \rho_k = (\xi_k-\mathrm{i}\eta_k)[\xi_k+\mathrm{i}\eta_k\tanh(\theta_k)]/\mu$$

$$\theta_k = \eta_k[X-\theta_{k0}-(\delta+\xi_k)\varepsilon Z], \quad \lambda_k = \xi_k+\mathrm{i}\eta_k, \quad \mu = |\lambda_k|, \quad k=1,2$$

上面的解中 $\rho(z),\varphi(z,x)$ 以及 $Z(z)$ 和 $X(z,x)$ 分别由方程(4.29)和方程(4.30)给出。

4.2.2　光学波导中自相似脉冲传输特性及操控

可以利用空间自相似脉冲的解析结果(4.32)和(4.33)来讨论自相似脉冲的传输特性及操控问题。

从解析结果(4.32)和(4.33)可以看出,多亮、暗自相似子中的各相似子的速度分别由 $\dfrac{\xi_k D(z)}{W^2(z)}$ 和 $\dfrac{(\delta+\xi_k)D(z)}{W^2(z)}$ 决定,它们与谱参数及系统分布参数 $D(z),R(z)$ 和 $G(z)$ 有关。因而,我们可以通过设计合理的系统参数,对各相似子的速度进行调控,从而达到对自相似脉冲传输的操控。参数 θ_{k0} 和 ϕ_{k0} 决定各自相似子的初始位置和相位,谱参数 ξ_k 和 η_k 控制各相似子的独立传播或者相互作用(图 4-6～图 4-9)。

由于非线性的存在,自相似脉冲间的相互作用不可避免。这里我们主要关注相似子对(两个相似子)在周期分布增益系统(4.19)和(4.20)中的演化行为。在传输距离远大于脉冲脉宽的情况下,多自相似脉冲可以通过单自相似脉冲相加(亮脉

冲)或相乘(暗脉冲)而获得。首先,我们讨论周期分布增益系统中独立传播的亮相似子对的演化行为。在方程(4.19)和方程(4.20)中,两个相似子各自的速度为

$$V_k = \xi_k R_0^2 \sin(\kappa z) \exp\left[(G_0 - D_1)z\right]/D_0, \quad k=1,2 \tag{4.34}$$

从图4-6和图4-7中可以看到,对于增益的情况,即$G=0.02$,随着传输距离的增加,亮相似子对的振幅显著增大,且锯齿形的摆动幅度也增加,而两亮相似子的间距逐渐减小,我们称为相互吸引作用。对于损耗的情况(即$G=-0.02$),随着传输距离的增加,亮相似子对的振幅减小,且锯齿形的摆动幅度也减小,而两亮相似子的间距逐渐增加,我们称为相互排斥作用。从图4-7中我们还可以看到,在增益的情况中亮相似子对的振荡范围比损耗情况中的亮相似子对的振荡范围大。以上结果表明,我们可以通过对系统参数的合理设计而实现对亮相似子对的相互作用行为的操控。这些结果对光通信中增加信息的比特率、降低误码率具有重要的理论参考价值。

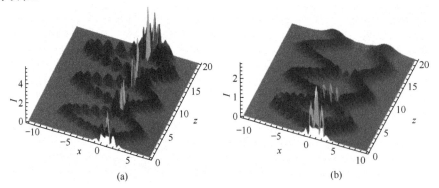

图4-6　周期分布增益系统中独立传播的亮相似子对的演化图
参数选取为$D_1=0.01, \eta_1=-1.1$, $\xi_1=\xi_2=0.3$, $\theta_{10}=\theta_{20}=\phi_{10}=\phi_{20}=-0.3$,且(a) $G_0=0.02$和(b) $G_0=-0.02$。所有其他参数选为1

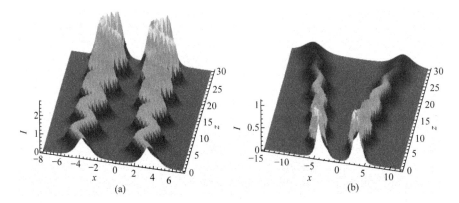

图4-7　周期分布增益系统中蛇形亮相似子对的演化图像
参数选取为$\xi_1=\xi_2=-3$且(a) $G_0=0.02$和(b) $G_0=-0.02$。所有其他参数选取与图4-6相同

接着,讨论周期分布增益系统(4.19)和(4.20)中暗相似子对的传输行为。从图 4-8 和图 4-9 中可以看到,暗相似子对的传输行为与亮相似子对的传输行为类似。对于增益的情况(即 $G=0.02$),随着传输距离的增加,暗相似子对的振幅显著增大,且锯齿形的摆动幅度也增加,而两暗相似子相互吸引。对于损耗的情况(即 $G=-0.02$),随着传输距离的增加,暗相似子对的振幅减小,且锯齿形的摆动幅度也减小,而两暗相似子相互排斥。从图 4-9 中还可以看到,增益的情况中暗相似子对的振荡范围比损耗的情况中的暗相似子对的振荡范围大。

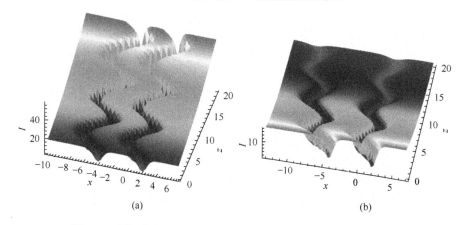

图 4-8　周期分布增益系统中独立传播的暗相似子对的演化图像

参数选取为 $\eta_1=\xi_2=1.5, \eta_2=\xi_1=1.4, X_{10}=-X_{20}=2, \varepsilon=D_0=-1$ 且(a)$G_0=0.02$ 和(b)$G_0=-0.02$。所有其他参数选取与图 4-6 相同

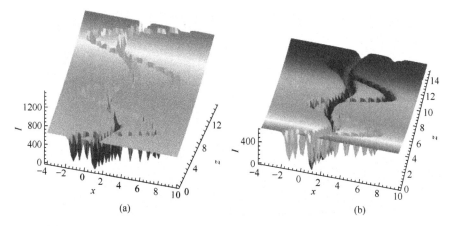

图 4-9　周期分布增益系统中周期吸引与排斥的暗相似子对的演化图像

参数选取为 $\eta_1=5, \eta_2=4, \xi_1=0, \xi_2=-3, X_{10}=X_{20}=1$,且(a)$G_0=0.02$ 和(b)$G_0=-0.02$。所有其他参数选取与图 4-8 相同

最后,我们在这里作一个说明,文献[65]中作者已指出,在1+1维变系数薛定谔方程可约化为1+1维常系数标准薛定谔方程的过程中,由于1+1维常系数标准薛定谔方程的孤子解是稳定的,所以1+1维变系数薛定谔方程的自相似解也是稳定的。本章内容里的情况与文献[65]中的类似,所以这里所获得的解也具有稳定传输特性。

4.3　小　　结

本章主要讨论了1+1维孤子型自相似脉冲的动力学行为,即由色散和非线性平衡产生的1+1维时间自相似脉冲和由衍射和非线性平衡产生的1+1维空间自相似脉冲的传输和操控问题。

首先,运用基于定态薛定谔方程的约化方法得到了克尔介质和三次-五次非线性介质中皮秒自相似脉冲的解析表达式。接着,研究了亮、暗自相似脉冲以及平顶自相似脉冲在周期分布增益系统中的传输行为,并且比较了一般孤子与自相似孤子的参量调控和动力学演化行为的区别,为脉冲的展宽或压缩提供理论依据。最后,利用基于标准薛定谔方程的约化方法获得了1+1维空间多自相似脉冲的解析表达式,并研究了亮、暗自相似子对在周期分布增益系统中的动力学操控行为。谱参数 ξ_k 和 η_k 控制各相似子的传播特性:是独立传播还是发生相互作用。

对时间和空间自相似脉冲的研究表明,通过选择色散或衍射和非线性函数的不同形式可以实现对亮、暗自相似脉冲(对)以及平顶自相似脉冲波速、振幅、中心位置等物理量的调节与控制。这些理论结果可以为光纤设计提供一定的参考思路,为提高以相似子作为信息载体的超大容量通信提供了理论基础。

第5章 2+1维空间自相似子的操控研究

虽然很多学者已经研究了1+1维自相似脉冲的传输行为,可是对2+1维自相似脉冲的研究工作开展得相对较少,部分原因可能是由于弱坍塌导致2+1维常系数非线性薛定谔方程的局域解不稳定[176]。当入射光功率小于临界值时,随着光传输的进行,各种局域解展开而消失;当入射光功率大于临界值时,随着传输的增加,局域解在有限距离内坍塌。但是,不稳定的解没有太大的实际意义。最近研究表明,分层介质中符号变化的克尔非线性能产生稳定的2+1维孤子[177]。一些2+1维稳定局域解也通过数值模拟获得[178,179],同时也有少许的实验验证[180]。钟卫平等[181]和王灯山等[182]给出了2+1维空间孤子的解析表达式,吴雷等也讨论了稳定的2+1维涡旋结构[173,183]和2+1维渐进的抛物型自相似子的动力学行为[184]。

报道解析的2+1维空间自相似子动力学行为的文献不多。在大光强的情况下,除了考虑由极化率$\chi^{(3)}$引起的克尔非线性外,还必须考虑由极化率$\chi^{(5)}$引起的非线性效应。三次-五次非线性介质中的2+1维空间光束的演化行为几乎未见文献报道。

本章内容主要讨论上述两类问题。在5.1节,讨论2+1维空间多自相似子的动力学行为以及控制问题。在5.2节,讨论三次-五次非线性介质中的2+1维空间光束的演化行为以及稳定性问题。

5.1 2+1维空间自相似孤子

本节,我们主要讨论衍射、非线性和增益或损耗相互平衡所产生的2+1维空间多自相似子的动力学行为以及控制问题。

5.1.1 理论模型及空间自相似孤子解

光束在非均匀衍射、非线性和增益或损耗的介质中传输可以用如下的2+1维非线性薛定谔方程描述[181]

$$i\Psi_z + \frac{1}{2}\beta(z)\Delta_\perp\Psi + \chi(z)|\Psi|^2\Psi = i\gamma(z)\Psi \tag{5.1}$$

其中,$\Psi(z,x,y)$表示归一化光波电场强度复振幅的包络,z表示沿传输方向归一化的距离,x,y为归一化横向空间变量;$\Delta_\perp$为二维拉普拉斯算子,即$\Delta_\perp = \partial_x^2 + \partial_y^2$;

函数 $\beta(z)$ 为衍射系数；$\chi(z)$ 为非线性系数；$\gamma(z)$ 表示介质的增益（其值为正）或损耗（其值为负）。

下面运用 3.2.2 节中介绍的基于标准方程的约化方法来求解方程(5.1)。根据该方法，利用相似变换

$$\Psi(x,y,z)=A(z)\mathrm{e}^{\mathrm{i}\varphi(x,y,z)}\Phi(Z,X) \tag{5.2}$$

其中，待定变量 $A(z)$ 是振幅；$Z(z)$ 是有效的传输距离；$X(z,x,y)$ 是变换参数；$\varphi(z,x,y)$ 是相位。将方程(5.2)约化为常系数标准非线性薛定谔方程

$$\mathrm{i}\Phi_Z+\frac{\varepsilon}{2}\Phi_{XX}+|\Phi|^2\Phi=0 \tag{5.3}$$

其中，参数 ε 是常数，其值取 ±1，方程(5.3)相应地分别有亮、暗多孤子解。

这样，可以得到如下关于 $A(z)$，$Z(z)$，$X(z,x,y)$ 和 $\varphi(z,x,y)$ 的偏微分方程组

$$A_z+\frac{1}{2}\beta A(\varphi_{xx}+\varphi_{yy})-\gamma A=0,\quad X_z+\beta(X_x\varphi_x+X_y\varphi_y)=0$$

$$\varphi_z+\frac{1}{2}\beta(\varphi_x^2+\varphi_y^2)=0,\quad X_{xx}+X_{yy}=0,\quad \beta\frac{X_x^2+X_y^2}{Z_z}=\varepsilon,\quad \frac{A^2\chi}{Z_z}=1 \tag{5.4}$$

其中，$\chi(z)$ 为自聚焦（其值为正）或自散焦（其值为负）效应的非线性系数。类似于 4.2.1 节中偏微分方程组(4.24)～(4.26)的求解，可以得到振幅、有效传输距离、相似变量以及光束的相位具有以下形式

$$A=A_0\alpha\exp[G(z)],\quad Z=\frac{(k^2+l^2)\alpha D(z)}{\varepsilon W_0^2},\quad X=\frac{\alpha}{W_0}[ky+ly+(r_0+\omega_0 s_0)D(z)-\omega_0]$$

$$\varphi=-\frac{s_0\alpha}{2}(x^2+y^2)-\frac{r_0\alpha}{2}\left(\frac{x}{k}+\frac{y}{l}\right)-\frac{r_0^2(k^2+l^2)\alpha D(z)}{8k^2l^2}+\varphi_0 \tag{5.5}$$

其中，$D(z)=\int_0^z\beta(s)\mathrm{d}s$ 为累积的衍射效应；$G(z)=\int_0^z\gamma(s)\mathrm{d}s$ 为累积的增益或损耗效应；$\alpha=[1-s_0D(z)]^{-1}$ 与波前弯曲有关。从上述结果的相位表达式可看出，相位的啁啾是推导中自然获得的结果，而不像文献[181]中的预解假设而得。如果参数 $s_0=0$，即啁啾消失，上述解就为孤子解。因而，啁啾是上述相似子的特征，而孤子不出现相位啁啾。此外，函数 $D(z)$ 影响了振幅、宽度、相位以及有效的传输距离等物理量，从而影响了相似子的形成。要注意的是：不同于文献[6]获得的解中各常数没有对应的物理解释，这里的常数有相应的物理含义，具体为：s_0 和 r_0 分别表示波前的初始弯曲和位置，ω_0 为光束脉冲中心的初始位置，A_0，W_0 和 φ_0 分别表示振幅、脉宽和相位初值。

该自相似解的存在要求系统参数满足如下的约束关系

$$\chi(z)=\frac{\beta(z)(k^2+l^2)}{\varepsilon(W_0A_0)^2}\exp[-2G(z)] \tag{5.6}$$

即

$$\frac{1}{\chi}\frac{\mathrm{d}\chi}{\mathrm{d}z}-\frac{1}{\beta}\frac{\mathrm{d}\beta}{\mathrm{d}z}+2\gamma(z)=0 \tag{5.7}$$

它可以理解成方程(5.1)的可积条件。此条件也出现在文献[181]中用 F 函数求解方程(5.1)的过程中。从上述条件可以看出,相似子或孤子存在的条件是系统参数衍射、非线性和增益或损耗效应精确平衡的结果。这三个参数中只有两个是任意的。例如,如果 $\beta(z)$ 和 $\chi(z)$ 是任意函数,那么 $\gamma(z)$ 可以由方程 (5.6)或方程(5.7)获得。

至此,可以得到以下结果:在满足约束条件(5.6)或 (5.7)的情况下,变系数非线性薛定谔方程(5.1)可以通过相似变换(5.2)(其中参数具有方程(5.5)的形式)转化成常系数标准薛定谔方程(5.3)。故通过相似变换(5.2)获得变系数非线性薛定谔方程(5.1)和常系数标准薛定谔方程(5.3)之间解的一一对应关系。

下面给出方程(5.1)的几组特解。运用 3.1 节中达布变换方法获得的亮多自相似解有如下形式

$$\Psi=\sqrt{\varepsilon}\,A(z)\,\mathrm{e}^{\mathrm{i}\varphi(x,y,z)}G_1/F_1 \tag{5.8}$$

其中

$$G_1=a_1\cosh\theta_2\,\mathrm{e}^{\mathrm{i}\phi_1}+a_2\cosh\theta_1\,\mathrm{e}^{\mathrm{i}\phi_2}+\mathrm{i}a_3(\sinh\theta_2\,\mathrm{e}^{\mathrm{i}\phi_1}-\sinh\theta_1\,\mathrm{e}^{\mathrm{i}\phi_2})$$

$$F_1=b_1\cosh(\theta_1+\theta_2)+b_2\cosh(\theta_1-\theta_2)+b_3\cos(\phi_2-\phi_1)$$

$$\theta_j=\eta_j[X-\varepsilon\xi_j Z]-\theta_{j0},\quad \phi_j=\xi_j X+\frac{\varepsilon}{2}(\eta_j^2-\xi_j^2)Z-\phi_{j0},\quad a_j=\frac{\eta_j}{2}[\eta_j^2-\eta_{3-j}^2+(\xi_1-\xi_2)^2]$$

$$b_j=\frac{1}{4}\{[\eta_1+(-1)^j\eta_2]^2+(\xi_1-\xi_2)^2\},\quad a_3=\eta_1\eta_2(\xi_1-\xi_2),b_3=-\eta_1\eta_2,\quad j=1,2$$

以及暗多自相似解有如下形式

$$\Psi=\sqrt{-\varepsilon}\mu A(z)(1+G_2/F_2)\,\mathrm{e}^{\mathrm{i}\varphi(z,x,y)+\mathrm{i}\psi(Z,X)} \tag{5.9}$$

其中

$$G_2=4\mu(\rho_1+\rho_2-2\mu)-4\mathrm{i}\frac{\lambda_1+\lambda_2}{\eta_1+\eta_2}Q,\quad F_2=4\mu^2+\left(\frac{\lambda_1+\lambda_2}{\eta_1+\eta_2}\right)^2 Q,\quad Q=(\rho_1-\mu)(\rho_2-\mu)$$

$$\psi(Z,X)=(\mu^2+\delta^2/2)\varepsilon Z-\delta X-\psi_0,\quad \rho_j=(\xi_j-\mathrm{i}\eta_j)[\xi_j+\mathrm{i}\eta_j\tanh(\theta_j)]/\mu$$

$$\theta_j=\eta_j[X-\theta_{j0}-(\delta+\xi_j)\varepsilon Z],\quad \lambda_j=\xi_j+\mathrm{i}\eta_j,\mu=|\lambda_j|,\quad j=1,2$$

上面解中的 $A(z)\varphi(z,x)$ 以及 $Z(z)$ 和 $X(z,x,y)$ 由方程(5.5)给出。

此外,连续波背景下的亮多自相似子具有如下形式

$$\Psi=A(z)(a+\lambda G_3/F_3)\,\mathrm{e}^{\mathrm{i}\varphi(z,x,y)+\mathrm{i}a^2 Z} \tag{5.10}$$

其中

$$G_3=2[\lambda/v\cos(\kappa Z)+\mathrm{i}\sin(\kappa Z)]\cosh(\theta X)+\frac{\theta}{\lambda}[\theta/\omega\times\cos(\phi Z)+\mathrm{i}\sin(\phi Z)]\cosh(\lambda X)$$

$$+\frac{a}{\lambda v\omega}(\lambda^2-\theta^2)\left\{\cos[(\kappa+\phi)Z]+\cos[(\kappa-\phi)Z]+i\frac{v\omega+\lambda\theta}{v\theta+\omega\lambda}\sin[(\kappa+\phi)Z]\right.$$

$$\left.+i\frac{(v\theta+\omega\lambda)(v^2+\theta^2)}{(v\omega+\lambda\theta)(\lambda^2-\theta^2)}\times\sin[(\kappa-\phi)Z]\right\}$$

$$F_3=\frac{\lambda-\theta}{\lambda+\theta}\cosh[(\lambda+\theta)X]+\frac{\lambda+\theta}{\lambda-\theta}\cosh[(\lambda-\theta)X]+4a[\cos(\kappa Z)\cosh(\theta X)/v$$

$$+\cos(\phi Z)\cosh(\lambda X)/\omega]+\frac{16a^4(\lambda^2-\theta^2)}{v\omega(v\theta+\omega\lambda)^2}\cos[(\kappa+\phi)Z]+\frac{(v\theta+\omega\lambda)^2}{v\omega(\lambda^2-\theta^2)}\cos[(\kappa-\phi)Z]$$

且 $\kappa=\lambda v/2=\lambda\sqrt{\lambda^2+4a^2}/2$, $\phi=\theta\omega/2=\theta\sqrt{\theta^2+4a^2}/2$。上面解中 a 和 λ 分别是连续波背景和相似子的振幅,θ 决定了解是单相似子还是多相似子。上面解中的 $A(z)$,$\varphi(z,x,y)$ 以及 $Z(z)$ 和 $X(z,x,y)$ 由方程(5.5)给出。

当 $\theta=0$,方程(5.10)为连续波背景下的亮单自相似子,其形式为

$$\Psi=A(z)\left\{a+\frac{\lambda[\lambda\cos(\kappa Z)+iv\sin(\kappa Z)]}{v\cosh(\lambda X)+2a\cos(\kappa Z)}\right\}e^{i\varphi(z,x,y)+ia^2Z} \tag{5.11}$$

5.1.2　空间自相似脉冲传输特性及操控

利用 5.1.1 节中的解析结果(5.8)～(5.11)可以讨论自相似脉冲在零背景和连续波背景下的传输特性及操控问题。

从解析结果(5.8)和(5.9)可以看出,在亮、暗多自相似子中各相似子的速度分别由 $(k^2+l^2)\xi_j a(z)D(z)/W_0^2$ 和 $(k^2+l^2)(\delta+\xi_j)a(z)D(z)/W_0^2$ 决定,它们与谱参数以及系统分布参数 $D(z)$ 有关。因而,我们可以通过设计合理的系统参数,对各相似子的速度进行调控,从而达到对自相似脉冲传输的操控。参数 θ_{k0} 和 ϕ_{k0} 决定各自相似子的初始位置和相位。

下面讨论周期分布增益系统(4.19)和(4.20)中的相似子对和孤子对 $I=|\Psi|^2$ 的传输行为。独立传播的相似子对或孤子对是超大容量传输中所需要的,这种传输方式可增加系统的容量,减少误码率。首先,对周期分布增益系统中独立传播的相似子对和孤子对的演化行为进行比较。从图 5-1 和图 5-2 中可以看到,与亮或暗孤子对相比,随着传输距离的增加,亮或暗相似子对的振幅显著增大。从图 5-1 中看出两孤子步调一致地独立传输,而两相似子中的左边相似子的摆动幅度比右边的大。从图 5-2 中看出两相似子的锯齿形的摆动幅度比孤子大,而相似子锯齿前进的周期比孤子小。

从图 5-1～图 5-3 可以知道,谱参数 ξ_k 和 η_k 控制各相似子的独立传播或者发生相互作用。从图 5-1 和图 5-2 中可以看到,选择合适的参数 θ_{10} 和 θ_{20} 使两个相似子初始就分开足够的距离,那么两相似子将保持一定的距离在光纤中传输,它们独立地传播,彼此互不影响。从图 5-3 中还可以看到,谱参数的虚部 ξ_k 影响了相似

子相互作用的方式。图 5-3(a)中一个相似子沿直线向前传播,而另一相似子呈现出蛇形(snake)的传播行为。这两个相似子周期性地交汇,交汇以后各自毫无影响地继续向前传播,接着再交汇,这样一直进行下去。图 5-3(b)则呈现出两相似子的蛇形传播演化行为,两相似子也发生周期性地交汇。以上结果表明,我们可以通过对系统参数的合理设计而实现对相似子对的相互作用行为的操控。这些结果对光通信中增加信息的比特率,降低误码率具有重要的理论参考价值。

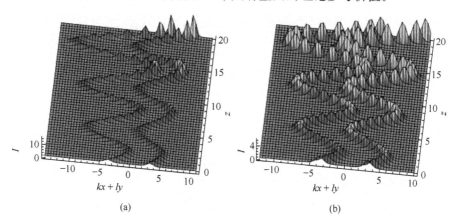

图 5-1　(a)独立传播啁啾亮相似子对($s_0=0.4$)和(b)无啁啾亮孤子对($s_0=0$)的动力学演化行为

参数选取为 $\beta_0=0.4, \gamma_0=0.05, \eta_1=\xi_2=1.5, \xi_1=\eta_2=1.4, \theta_{10}=-\theta_{20}=l=2, \omega_0=0$。其他参数取 1

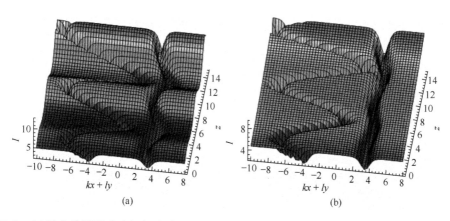

图 5-2　(a)独立传播啁啾暗相似子对($s_0=0.4$)和(b)无啁啾暗孤子对($s_0=0$)的动力学演化行为

参数选取为 $\beta_0=0.2,\quad \eta_1=\eta_2=-\xi_1=\xi_2=\delta=1.5,\quad \theta_{10}=-\theta_{20}=3.5, \varepsilon=-1$。其他参数同图 5-1

　　光纤通信中相似子或光孤子的传输不可避免地会受到各种噪声的影响而产生误码,测量中也会引入误差。人们对各种扰动进行了长期的研究,设计出很多抑制噪声的方法,并在实践中予以实现。在光孤子或相似子的长时间传输中,光纤中的连续波对其传输的扰动被认为是重要的因素。下面我们就来分析连续波背景下的相似子的动力学问题。

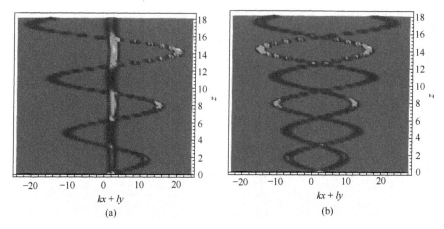

图 5-3　周期吸引和排斥的亮相似子对动力学演化行为

参数选取为(a) $\xi_1=0.5, \xi_2=5$ 和(b) $\xi_1=-\xi_2=4$ 且 $\eta_1=\eta_2=1$。其他参数同图 5-1

图 5-4 和图 5-5 展示了连续波背景下相似子的演化行为。其主要特征是场强出现周期性的峰值和呼吸行为。图 5-4 表明,相似子在 z 方向上的周期比孤子小,但相似子的峰值变化比孤子更显著。图 5-5 描述了不同背景波振幅下的相似子的演化行为。从中可以看出,背景波振幅对相似子对相互作用出现的位置无太大影响,而相互作用处叠加的振幅很大,以至于会混淆光系统中传输的信号。

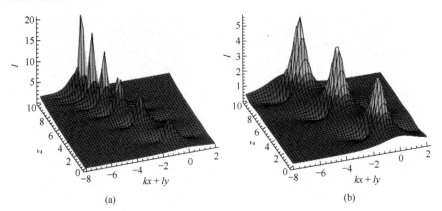

图 5-4　连续波背景下(a)单相似子和(b)孤子的演化行为

参数选取 $\sigma=0, \lambda=1.2, \theta=1, \alpha=0.5$。其他参数同图 5-1

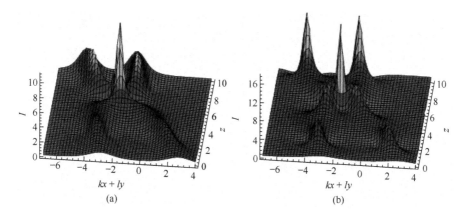

图 5-5　连续波背景下相似子对的演化行为

参数选取(a) $a=0.2$ 和(b) $a=0.5$,其他参数同图 5-4

连续波背景下的亮单自相似子的能量可表示为

$$\int_{-\infty}^{+\infty}\left[\left|\Psi(r,z)\right|^2-\left|\Psi(\pm\infty,z)\right|^2\right]\mathrm{d}r=2\lambda\left[A_0\alpha\mathrm{e}^{G(z)}\right]^2 \tag{5.12}$$

从方程(5.12)可知,随着传播距离的增加,能量也逐渐增加。这个特征与图 5-4(a)中描述的一致。

亮单自相似子与连续波背景的能量交换可表示为

$$\int_{-\infty}^{+\infty}\left[\left|\Psi(r,z)\right|-\left|\Psi(\pm\infty,z)\right|^2\right]\mathrm{d}r=LA_0^2\alpha^2\mathrm{e}^{2G(z)} \tag{5.13}$$

其中

$$L=\lambda\left[2+a\cos(\kappa Z)M\right],\quad M=\frac{4\arctan\left[\dfrac{v+a\cos(\kappa Z)}{v-a\cos(\kappa Z)}\right]^{1/2}}{\left[v^2-a^2\cos^2(\kappa Z)\right]^{1/2}}$$

由上式可知,如果背景波不存在,则无能量交换,且相似子的能量随着传播距离的增加而逐渐增加(图 5-6(a))。通过比较图 5-6(b)中的实线和虚线可知,背景波存在的情况下,对于相同的参数 s_0,亮单自相似子与连续波背景的能量交换随着背景波振幅 a 的增加而加快。同理,比较图 5-6(b)中的圈线和虚线,可以知道,对于相同的背景波振幅 a 值,亮单自相似子与连续波背景的能量交换随着参数 s_0 的增加而加快。

解的稳定性直接决定了能否从实验观测到相关理论结果。下面我们简单的运用 3.3 节所介绍的直接数值模拟的方法来讨论上述解的稳定性问题。这里我们选取了几个解作了讨论。如图 5-7 所示,我们将方程(5.8)和方程(5.11)加入 5% 白噪声作为初值直接代入方程(5.1),在传输系统(4.19)和(4.20)中运用快速分步傅里叶算法进行动力学演化。从结果来看,未发现相似子的坍塌现象,相反,可以观察到相似子在几十个衍射长度内的稳定传输。

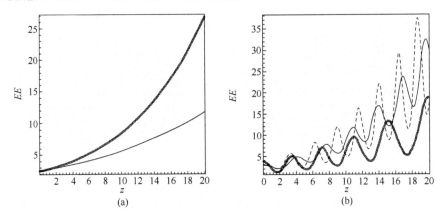

图 5-6　亮相似子与背景波间的能量交换(EE)

参数选取(a)$a=0$,$s_0=0.05$(实线)和$s_0=0.1$(圈线);(b)$a=0.2$,$s_0=0.1$(实线),

$a=0$,$s_0=0.05$(圈线)和$s_0=0.1$(虚线)。其他参数选取同图 5-4

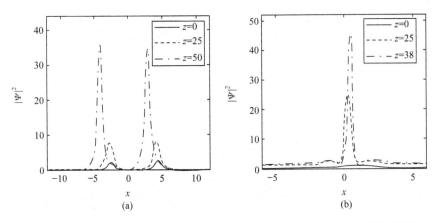

图 5-7　(a)图 5-1(a)的亮相似子对的数值模拟图;(b)图 5-4(a)的连续波背景单亮

相似子的数值模拟图

初值由方程(4.8)和方程(4.11)加入 5%白噪声代入演化。参数选取同图 5-1(a)和图 5-4(a)

最后,对如何实现上述理论结果的实验观察作一简单的设想。由于所求得的理论结果中相似子不是完全局域的,所以光束的能量$\int_{-\infty}^{+\infty}|\Psi(r,z)|^2 dr$是发散的。若要在实验中观察到上述理论结果,必须在源平面上加上一个狭缝。类似于文献[185]中对线性光弹的物理实现,我们可以使用$\Psi_0=\Theta(L_x-|x|)\Theta(L_y-|y|)\Psi(x,y)$放在源平面上,其中$\Theta(\xi)$是单位阶跃函数,$2L_x$和$2L_y$是狭缝源$x$和$y$方向上的尺寸大小,函数$\Psi(x,y)$具有$\Psi(kx+ly)$的形式,它可以在方程(5.8)~方程(5.11)中令$z=0$得到。利用菲涅尔衍射理论以及傅里叶变换和反傅里叶变换,

我们可以知道有限狭缝不会对无限发散能量的相似子的强度有太大的影响。类似于对这个问题的处理也已经在文献[173]中得到解决。

5.2　2＋1 维非均匀三次-五次非线性介质中的局域孤子

在 5.1 节,讨论了光束在非均匀衍射、克尔非线性和增益或损耗的介质中传输控制问题。在光强更大的情况下,除了考虑由极化率 $\chi^{(3)}$ 引起的克尔非线性外,还必须考虑由极化率 $\chi^{(5)}$ 引起的非线性效应。在本节中,我们研究含空间变量调制的三次-五次非线性介质中的空间局域结构及其稳定性问题。

5.2.1　理论模型及局域孤子解

光束在空间变量调制的三次-五次非线性介质中传输可以由以下非线性薛定谔方程描述

$$iu_z+\frac{1}{2}\Delta_\perp u+g(r)|u|^2u+G(r)|u|^4u+R(r)u=0 \tag{5.14}$$

其中,$u(z,x,y)$ 表示归一化光波电场强度复振幅的包络,z 表示沿传输方向归一化的距离;$r=(x,y)$ 表示归一化横向空间变量。横向空间变量和纵向传输距离分别用光束宽度 $\omega_0=(2k_0^2n_1)^{-1/4}$ 和衍射长度 $L_d=k_0\omega_0^2$ 进行归一化,其中对应入射光波长 λ 的波数值为 $k_0=2\pi n_0/\lambda$,$\Delta_\perp$ 为二维拉普拉斯算子,即 $\Delta_\perp=\partial_x^2+\partial_y^2$,函数 $g(r)$ 和 $G(r)$ 为横向空间变量调制的三次-五次非线性系数。本节主要讨论线性折射率受横向 W 形状(抛物与高斯形的叠加)调制的问题,即介质的折射率可以表示成 $n=n_0+n_1R(x,y)+n_2g(x,y)|u|^2-n_4G(x,y)|u|^4$,其中横向 W 形状调制函数为 $R(x,y)=\frac{1}{2}\omega^2(x^2+y^2)-\frac{2\eta\omega}{\pi}e^{-\omega(x^2+y^2)}$[186]。

下面运用 3.2.1 节中介绍的基于定态方程的约化方法来求解方程(5.14)。根据该方法,相似变换为

$$u(z,x,y)=U(x,y)e^{-i\kappa Z}=\rho(x,y)\phi[\chi(x,y)]e^{-i\kappa Z} \tag{5.15}$$

其中,待定变量 $\rho(x,y)$ 是振幅;$\chi(x,y)$ 是变换参数,κ 是传播常数。为获得局域解,要求 $\lim_{x,y\to\pm\infty}U(x,y)=0$。

将相似变换(5.15)代入方程(5.14)可约化为常系数定态非线性薛定谔方程

$$\phi_{\chi\chi}+\eta\phi+\delta_3\phi^3+\delta_5\phi^5=0 \tag{5.16}$$

其中,参数 $\delta_j(j=3,5)$ 是常数。

这样,可以得到如下关于 $\rho(x,y)$ 和 $\chi(x,y)$ 的偏微分方程组

$$(\rho^2\chi_x)_x+(\rho^2\chi_y)_y=0$$

$$g_j=-\frac{\delta_j}{2\rho^{j-1}}(\chi_x^2+\chi_y^2)$$

$$\rho_{xx} + \rho_{yy} + 2[\kappa - R(x,y)]\rho = \eta(\chi_x^2 + \chi_y^2)\rho \tag{5.17}$$

其中，$j=3,5$，$g \equiv g_3$ 且 $G \equiv g_5$。

类似于 4.1.1 节中求解方程组（5.17）的过程，我们可以得到方程（5.14）的解为

$$u_n = \frac{\rho \operatorname{sn}[nK(m)\theta + \varepsilon K(m), m]}{\sqrt{\mu + v \operatorname{sn}^2[nK(m)\theta + \varepsilon K(m), m]}} e^{-i\kappa Z} \tag{5.18}$$

其中，$\varepsilon = 1$，当 $n = 1, 3, 5 \cdots$，当 $\varepsilon = 0$ 当 $n = 2, 4, 6 \cdots$；μ 为常数；$v = \dfrac{[\eta - (1+m^2)n^2 - K^2(m)]\mu}{3n^2 K^2(m)}$；$\theta = \operatorname{erf}\left[\dfrac{\sqrt{2\omega}(x+y)}{2}\right]$，$\operatorname{erf}(X) = \dfrac{2}{\sqrt{\pi}}\displaystyle\int_0^X e^{-\zeta^2} d\zeta$ 为误差函数。$\operatorname{sn}(\cdot, m)$ 是雅可比椭圆正弦函数，$m(0 < m < 1)$ 为模数，第一类椭圆积分 $K(m) = \displaystyle\int_0^{\pi/2} [1 - m^2 \sin^2(\xi)]^{-1/2} d\xi$，$n$ 与孤子阶数有关。以上解中的振幅满足

$$\rho = e^{\omega xy}\left\{ c_1 M\left[-\frac{\kappa}{2\omega}, \frac{1}{2}, \frac{\omega \xi^2}{2}\right] + c_2 U\left[-\frac{\kappa}{2\omega}, \frac{1}{2}, \frac{\omega \zeta^2}{2}\right] \right\} \tag{5.19}$$

其中 $\zeta = x - y$，$M(a,c,s)$ 和 $U(a,c,s)$ 是 Kummer M 和 U 函数[187]，它们满足常微分方程 $s\Theta''(s) + (c-s)\Theta'(s) - a\Theta(s) = 0$。

为使上述解存在，系统参数必须满足如下约束条件

$$g_j = \frac{-2\omega\delta_j}{\pi\rho^{j-1}} e^{-\omega(x+y)^2}, \quad j = 3, 5 \tag{5.20}$$

其中，$\delta_3 = \dfrac{-2\eta[\mu m^2(\mu + 2v) + v(2\mu + 3v)]}{\mu(m^2+1) + 3v}$，$\delta_5 = \dfrac{3\eta v(\mu + v)(\mu m^2 + v)}{\mu(m^2+1) + 3v}$。

由上述约束条件可看出，振幅 $\rho(x,y)$ 在分母，故其不能改变符号，否则非线性系数 $g(r)$ 和 $G(r)$ 将在 $\rho(x,y) = 0$ 处发散。从方程（5.19）可以看出，限制条件 $\rho(x,y) \neq 0$ 要求参数 $\kappa < \omega$。此外，对参数 η 也有一些限制。如果 $\eta = \pm\sqrt{1 - m^2 + m^4} n^2 K^2(m)$，则 $\delta_3 = 0$，从方程（5.20）可知克尔（三次）非线性消失。如果 $\eta = (m^2+1)n^2 K^2(m)$，$\eta = (m^2 - 2)n^2 K^2(m)$，或者 $\eta = (1 - 2m^2)n^2 K^2(m)$ 则 $\delta_5 = 0$，从方程（5.20）可知五次非线性消失。所以，上面的参数 η 值不能选取。

5.2.2 局域孤子动力学及稳定性分析

本节内容中，我们讨论以下四种非线性介质中局域解的动力学行为，即自聚焦三次-五次非线性、自聚焦三次自散焦五次非线性、自散焦三次自聚焦五次非线性以及自散焦三次-五次非线性。

从方程（5.18）和方程（5.19）看出，参数 c_1，c_2 和 μ 是解的形成因子，ω 和 η 是横向 W 形调制的调节参数。从限制条件可看出，可以选择参数 μ 和 η 值构造上述四种不同的介质。图 5-8 展示了自散焦三次自聚焦五次非线性以及 W 形横向调制，这些量的平衡产生了局域结构。如图 5-9 所示，这些结构展示了奇偶对称性。

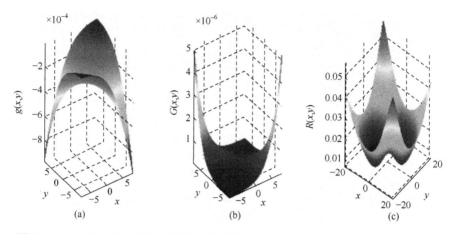

图 5-8　(a)、(b)、(c)分别是自散焦三次非线性、自聚焦五次非线性和 W 形横向调制

参数选为 $\omega=0.01,c_1=0,c_2=5,\kappa=0.0001,\mu=0.15,n=1,m=0.99,\eta=-2$

在方程(5.18)中,若取 $\varepsilon=1$,则有 $\mathrm{sn}[(n\theta+1)K(m),m]\approx\mathrm{cn}[nK(m)\theta,m]$,由于函数 $\mathrm{cn}[nK(m)\theta,m]$ 是偶函数,即方程(5.18)满足 $u_n(-x,-y)=u_n(x,y)$,这种局域结构体现了偶对称性(图 5-9 第二行),沿着直线 $y=x,u_n(n=1,3,5,\cdots)$ 有 $n-1$(偶数)个节点。在方程(5.18)中,若取 $\varepsilon=0$,则方程(5.18)满足 $u_n(-x,-y)=-u_n(x,y)$,这种局域结构体现了奇对称性(图 5-9 第一行),沿着直线 $y=x$,有奇数个节点。根据总功率计算公式 $P_n=\displaystyle\int_{-\infty}^{\infty}|u_n|^2\mathrm{d}x\mathrm{d}y$,可算出最低的六个局域态功率分别为 $P_1=1.623\times10^5,P_2=2.281\times10^5,P_3=2.889\times10^5,P_4=3.438\times10^5,P_5=3.944\times10^5,P_6=4.418\times10^5$,即随着孤子阶数的增大,孤子功率逐渐增加。

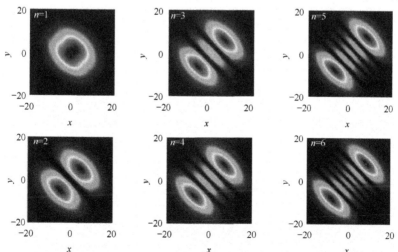

图 5-9　自散焦三次自聚焦五次非线性介质中的基本孤子和高阶孤子

参数选取同图 4-8

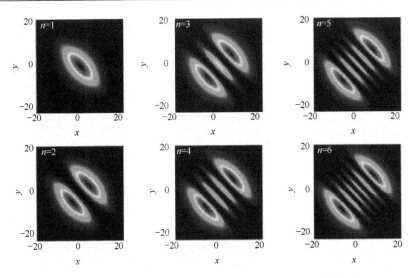

图 5-10　自散焦三次-五次非线性介质中的基本孤子和高阶孤子

除了 $m=0.01$ 外,其他参数选取同图 5-8

图 5-10 展示了自散焦三次-五次非线性介质中的局域结构。其基本特征类似于自散焦三次自聚焦五次非线性介质中的局域结构(图 5-9)。但图 5-9 中各孤子的功率比图 5-10 中相应孤子的功率小,它们的功率分别为 $P_1=6.593\times10^4$,$P_2=8.023\times10^4$,$P_3=9.957\times10^4$,$P_4=1.176\times10^5$,$P_5=1.344\times10^5$,$P_6=1.485\times10^5$。随着孤子阶数的增大,孤子功率也逐渐增加。因而,在三次-五次非线性介质中,对于相同的自散焦三次非线性,自聚焦五次非线性比自散焦五次非线性产生更高的孤子功率。

由于实验中只能观测到稳定的或准稳定的局域解,所以上述局域结构的稳定性问题的研究至关重要。下面运用本征值方法和直接数值模拟方法来讨论局域结构的稳定性问题,也就是研究随着传输距离的增加,解析结构抵制扰动的情况。首先,我们研究自散焦三次自聚焦五次非线性介质中不同阶孤子的本征值。假设加入微扰后的定态解为 $u(z,x,y)=[U_n(x,y)+\varepsilon u_1(z,x,y)]\mathrm{e}^{-\mathrm{i}\kappa z}$,其中 $U_n(x,y)$ 为方程(5.14)的定态解(5.18),$u_1(z,x,y)=[R_n(x,y)+I(x,y)]\mathrm{e}^{-\mathrm{i}\delta z}$ 由实部和虚部组成[188]。将上述解代入方程(5.14)并将其线性化(取 ε 的一阶项),可以得到如下本征值问题

$$L_+R=\delta I$$
$$L_-R=\delta R$$

(5.21)

其中,δ 为本征值,R 和 I 是本征函数,厄米算符 L_+ 和 L_- 有以下形式

$$L_+=-\frac{1}{2}(\partial_{xx}+\partial_{yy})+3g(x,y)U_n(x,y)^2+5G(x,y)U_n(x,y)^4$$
$$+\frac{1}{2}\omega^2(x^2+y^2)-\frac{2\eta\omega}{\pi}\mathrm{e}^{-\omega(x+y)^2}-\kappa$$

以及

$$L_- = -\frac{1}{2}(\partial_{xx}+\partial_{yy})+g(x,y)U_n(x,y)^2$$

$$+G(x,y)U_n(x,y)^4+\frac{1}{2}\omega^2(x^2+y^2)-\frac{2\eta\omega}{\pi}e^{-\omega(x+y)^2}-\kappa$$

运用 3.4.1 节中介绍的数值运算方法,可得到图 5-11 的结果。如图 5-11 所示,只有基本孤子对应的本征值是实数,其他高阶孤子对应的本征值都是虚数,即只有基本孤子是线性稳定的,其他高阶孤子都是不稳定的。这些结果可以通过直接将方程(5.18)叠加白噪声代入方程(5.14)数值模拟而得到验证。如图 5-12 所示,自散焦三次自聚焦五次非线性介质中基本孤子演化到 $z=700$ 还是稳定的。它可以理解为自散焦三次自聚焦五次非线性相互竞争而使基本孤子稳定。二阶孤子演化到 $z=400$ 以及三阶孤子演化到 $z=100$ 就出现了较大的变形而不稳定,随着演化距离的增加,这些孤子最终变为噪声。注意,我们也研究了当 $n>3$ 的情况,它们对应的本征值也都是虚数,直接数值模拟也都不稳定。由于和 $n=2,3$ 的情况类似,我们省略了对 $n>3$ 的情况的讨论。

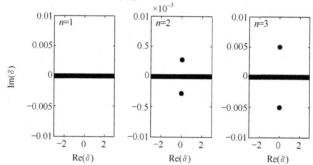

图 5-11　自散焦三次自聚焦五次非线性介质中不同阶孤子的本征值

参数选取同图 5-8

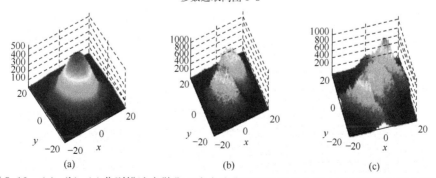

图 5-12　(a)、(b)、(c)分别描述自散焦三次自聚焦五次非线性介质中稳定的基本孤子(演化到 $z=700$)、不稳定的二阶孤子(演化到 $z=400$)以及不稳定的三阶孤子(演化到 $z=100$)

参数选取同图 5-8。初始值加入了 5%的白噪声代入方程(5.14)进行演化

最后,对其他三种介质中局域结构问题进行了研究。结果表明,受到 5% 的白噪声的影响,自聚焦三次-五次非线性介质和自聚焦三次自散焦五次非线性介质中的基本孤子都不稳定(图 5-13)。随着演化距离的增加,最终这些孤子都衰减为噪声。自散焦三次-五次非线性介质中的基本孤子准稳定(孤子大致形状和振幅不变,但出现了双峰)。对于 $n>1$ 的情况高阶孤子在所有介质中都是不稳定的。同样,我们省略了对它们的讨论。

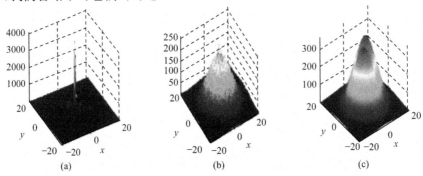

图 5-13 (a)、(b)、(c)分别描述自聚焦三次-五次非线性介质(参数选取为 $\eta=-2$, $\mu=0.15,m=0.01$)中不稳定的基本孤子(演化到 $z=60$)、自聚焦三次自散焦五次非线性介质(参数选取为 $\eta=5,\mu=0.1,m=0.01$)中不稳定的基本孤子(演化到 $z=700$)以及自散焦三次-五次非线性介质(参数选取为 $\eta=15,\mu=0.1,m=0.99$)中准稳定的基本孤子(演化到 $z=700$)

参数选取同图 5-8。初始值加入了 5% 的白噪声代入方程(5.14)进行演化

5.3　小　　结

本章主要研究了 2+1 维空间多自相似子的动力学控制问题以及三次-五次非线性介质中的 2+1 维空间光束的演化行为。

首先,运用基于标准薛定谔方程的约化方法得到了 2+1 维空间多自相似子的解析表达式,研究了零背景和连续波背景下的亮、暗自相似脉冲在周期分布增益系统中的传输特性及操控问题的传输行为,并且分析了自相似子与连续波背景能量交换的影响因素。接着,利用基于定态薛定谔方程的约化方法和定态薛定谔方程的解,研究了含空间变量调制的三次-五次非线性介质中的空间局域结构的奇偶对称性问题。最后,数值研究了 2+1 维空间多自相似子以及空间局域结构在非均匀光纤中受到白噪声扰动时的演化特性。

结果表明:一定范围内的白噪声扰动不会影响空间多自相似子以及空间局域结构在孤子控制系统和非均匀光纤中的传输稳定性。这些结果为实验观测到相关理论预言提供了可靠的依据。

第 6 章　3＋1 维时空自相似脉冲的操控研究

在第 4 章和第 5 章中,我们分别讨论了 1＋1 维和 2＋1 维相似子和孤子的动力学演化操控行为。可是,更一般的情况是三维空间的问题,即 3＋1 维时空相似子或孤子的动力学演化操控行为值得进一步研究。

与 2＋1 维情况类似,3＋1 维自相似脉冲的研究工作开展得相对较少,部分原因是由于强坍塌导致 3＋1 维常系数非线性薛定谔方程的局域解不稳定[189]。也就是,不像 2＋1 维情况(其局域结构不稳定存在临界功率),3＋1 维局域结构对于任何入射功率的光来说都会发生坍塌,而不稳定的解没有太大的实际意义。

对于 3＋1 维广义非线性薛定谔方程的解的稳定性问题颇具争议。一些作者指出,在没有色散调制的情况下,3＋1 维广义非线性薛定谔方程的解是不稳定的[190],另一些作者不同意上述观点[191,192];还有些作者认为囚禁势对解的稳定性很重要[193,194]。只存在色散调制的情况下,三维光弹是不稳定的[3-5],但能量耗散或通过反馈控制可能使得解稳定[195,196]。以上作者讨论的大都是径向对称结构且不包括衍射调制。文献[189]报道了色散、衍射以及非线性调制同时存在时 3＋1 维稳定的单孤子结构。Malomed 等[3]解释了时空孤子形成的物理机制。李彪课题组[197]研究了可控参数下时空孤子的传输行为。陈世华等[198]研究了自相似光弹的动力学稳定行为。吴雷等[184]研究了稳定渐进的抛物型光弹的动力学行为。但是 3＋1 维时空多自相似子的参量控制和操控问题未被讨论。

本章内容主要讨论 3＋1 维时空相似孤子的动力学行为。在 6.1 节中,我们讨论了 3＋1 维时空多自相似子的传输动力学问题。在 6.2 节中,我们讨论了三次-五次非线性介质中的时空自相似孤子的参量控制和动力学行为。

6.1　时空自相似孤子

本节我们主要讨论色散、衍射、非线性和增益或损耗相互平衡所产生的 3＋1 维时空多自相似子的参量控制和动力学行为。

6.1.1　时空自相似孤子解

傍轴近似下,时空自相似子在非均匀色散、衍射、非线性和增益或损耗的介质中传输可以用如下的 3＋1 维非线性薛定谔方程描述[3,199]

$$iu_z + \frac{\beta(z)}{2}(\Delta_\perp u + \sigma u_{tt}) + \chi(z)|u|^2 u = i\gamma(z)u \tag{6.1}$$

其中,$u(z,x,y,t)$表示归一化光波电场强度复振幅的包络,z表示沿传输方向归一化的距离,t表示延迟时间,x,y表示归一化横向空间变量;$\Delta_\perp$为二维拉普拉斯算子,即$\Delta_\perp = \partial_x^2 + \partial_y^2$;函数$\beta(z)$为衍射/色散系数;$\sigma = \pm 1$分别表示反常和正常色散;$\chi(z)$为自聚焦(其值为正)或自散焦(其值为负)效应的非线性系数;$\gamma(z)$表示介质的增益(其值为正)或损耗(其值为负)。

下面我们运用 3.2.2 节中介绍的基于标准方程的约化方法来求解方程(6.1)。根据该方法,利用相似变换

$$u(z,x,y,t) = A(z)\mathrm{e}^{\mathrm{i}\varphi(z,x,y,t)}U(Z,X) \tag{6.2}$$

其中,待定变量 $A(z)$ 是振幅;$Z(z)$ 是有效的传输距离;$X(z,x,y,t)$ 是变换参数,$\varphi(z,x,y,t)$ 是相位,将方程 (6.1) 约化为常系数标准非线性薛定谔方程

$$iU_Z + \frac{\varepsilon}{2}U_{XX} + |U|^2 U = 0 \tag{6.3}$$

其中,参数 ε 是常数,其值取± 1,方程(6.3)相应分别有亮、暗多孤子解。

这样,可以得到如下关于 $A(z)$,$Z(z)$,$X(z,x,y,t)$ 和 $\varphi(z,x,y,t)$ 的偏微分方程组

$$A_z + \frac{1}{2}\beta A(\varphi_{xx} + \varphi_{yy} + \sigma\varphi_{tt}) - \gamma A = 0$$

$$X_z + \beta(X_x\varphi_x + X_y\varphi_y + \sigma X_t\varphi_t) = 0$$

$$\varphi_z + \frac{1}{2}\beta(\varphi_x^2 + \varphi_y^2 + \sigma\varphi_t^2) = 0 \tag{6.4}$$

$$X_{xx} + X_{yy} + \sigma X_{tt} = 0$$

$$\beta(X_x^2 + X_y^2 + \sigma X_t^2) = \varepsilon Z_z, \quad A^2\chi = Z_z$$

类似于 4.2.1 节中偏微分方程组(4.24)～(4.26)的求解,我们可以得到振幅、相位有效传输距离、相似变量、脉冲宽度以及中心位置具有以下形式

$$A = A_0 a^{3/2}\exp\left[\int_0^z \gamma(s)\mathrm{d}s\right]$$

$$\varphi = -\frac{s_0 a}{2}\left(x^2 + y^2 + \frac{t^2}{\sigma}\right) - \frac{d_0 a}{3}\left(\frac{x}{p} + \frac{y}{q} + \frac{t}{r\sigma}\right) - \frac{d_0^2 a D(z)}{18}\left(\frac{1}{p^2} + \frac{1}{q^2} + \frac{1}{r^2\sigma}\right) \tag{6.5}$$

$$Z = \frac{(p^2 + q^2 + r^2\sigma)aD(z)}{\varepsilon\omega_0^2}, \quad X = \frac{\zeta - \zeta_c(z)}{\omega(z)}, \quad \zeta = px + qy + rt, \omega(z) = \omega_0/a$$

$$\zeta_c(z) = \zeta_0 - (d_0 + s_0\zeta_0)D(z)$$

其中,$D(z) = \int_0^z \beta(s)\mathrm{d}s$ 为累积的衍射/色散效应;$a = [1 - s_0 D(z)]^{-1}$ 与波前弯曲

有关。从上述结果的相位表达式可看出,相位的啁啾是自然获得的结果,而不像文献[199]中通过预解假设而得到。如果参数 $s_0＝0$,即啁啾消失,上述解就为孤子解。因而,啁啾是上述相似子的特征,而孤子不出现相位啁啾。此外,函数 $D(z)$ 影响了振幅、相位、有效的传输距离、宽度以及中心位置等物理量,从而影响了相似子的形成。需要注意的是,不同于文献[199]解中各常数没有物理解释,这里的常数有相应的物理含义,具体为:s_0 和 d_0 分别表示波前的初始弯曲和位置;ζ_0 为脉冲中心的初始位置;A_0,w_0 分别表示振幅、脉宽初值;参数 p,q 和 r 为群速度参数。

该自相似解的存在必须使系统参数满足如下的约束关系

$$\chi = \frac{\beta(p^2 + q^2 + r^2\sigma)}{\varepsilon\alpha\,(w_0 A_0)^2}\exp\left[-2\int_0^z\gamma(s)\mathrm{d}s\right] \qquad (6.6)$$

此条件也出现在文献[199]中用 F 函数求解方程(6.1)的过程中。

从上述条件可以看出,相似子或孤子存在的条件是系统参数衍射/色散、非线性和增益或损耗效应精确平衡的结果。这三个参数中只有两个是任意的。例如,$\beta(z)$ 和 $\chi(z)$ 是任意的,那么 $\gamma(z)$ 可以由方程 (6.6) 获得。

由结果(6.5)和(6.6)可分析出相似子或孤子在正常色散区($\sigma＝-1$)和反常色散区($\sigma＝1$)存在的条件,见表 6.1。从表 6.1 可以看出,亮/暗相似子的存在条件比亮/暗孤子的存在条件有更多的可调节参数。对于正常色散区($\sigma＝-1$)情况,群速度参数关系的选取将整个参数空间分成两个互斥的空间。这种互斥的空间既在亮相似子或孤子情况中存在,又在暗相似子或孤子情况中存在。显然,这种情况不但在第 3 章 1＋1 维相似子或孤子解(文献[55])或者在第 4 章 2＋1 维相似子或孤子解(文献[181],[200])中都未出现,而且也没出现在文献[189]中,[197]的 3＋1 维孤子解。关于相似子或孤子的存在条件(表 6.1)的结果文献[9]也没给出分析,这个结果只对于 3＋1 维非线性薛定谔方程(6.1)存在。

表 6.1 相似子或孤子的存在条件

σ 值	群速度参数关系	亮/暗相似子	亮/暗孤子
1	任意	$\beta\chi\alpha>0/\beta\chi\alpha<0$	$\beta\chi>0/\beta\chi<0$
-1	$p^2+q^2>r^2$	$\beta\chi\alpha>0/\beta\chi\alpha<0$	$\beta\chi>0/\beta\chi<0$
-1	$p^2+q^2<r^2$	$\beta\chi\alpha<0/\beta\chi\alpha>0$	$\beta\chi<0/\beta\chi>0$

至此,我们知道通过相似变换(6.2)可以获得变系数非线性薛定谔方程(6.1)的解和常系数标准薛定谔方程(6.3)的解之间的一一对应关系。

下面我们给出方程(6.1)的几组特解。

解 1 亮和暗多自相似子解。

亮多自相似子解有如下形式

$$u=\sqrt{\varepsilon}A(z)\,\mathrm{e}^{\mathrm{i}\varphi(z,x,y,t)}G_1/F_1 \tag{6.7}$$

其中

$$G_1=a_1\cosh\theta_2\,\mathrm{e}^{\mathrm{i}\phi_1}+a_2\cosh\theta_1\,\mathrm{e}^{\mathrm{i}\phi_2}+\mathrm{i}a_3(\sinh\theta_2\,\mathrm{e}^{\mathrm{i}\phi_1}-\sinh\theta_1\,\mathrm{e}^{\mathrm{i}\phi_2})$$

$$F_1=b_1\cosh(\theta_1+\theta_2)+b_2\cosh(\theta_1-\theta_2)+b_3\cos(\phi_2-\phi_1)$$

$$\theta_j=\eta_j[X-\varepsilon\xi_jZ]-\theta_{j0},\quad \phi_j=\xi_jX+\frac{\varepsilon}{2}(\eta_j^2-\xi_j^2)Z-\phi_{j0},\quad a_j=\frac{\eta_j}{2}[\eta_j^2-\eta_{3-j}^2+(\xi_1-\xi_2)^2]$$

$$b_j=\frac{1}{4}\{[\eta_1+(-1)^j\eta_2]^2+(\xi_1-\xi_2)^2\},\quad a_3=\eta_1\eta_2(\xi_1-\xi_2),b_3=-\eta_1\eta_2,j=1,2$$

以及暗多自相似子解有如下形式

$$u=\sqrt{-\varepsilon}\mu A(z)\,\mathrm{e}^{\mathrm{i}\varphi(z,x,y,t)+\mathrm{i}\psi(Z,X)}(1+G_2/F_2) \tag{6.8}$$

其中

$$G_2=4\mu(\rho_1+\rho_2-2\mu)-4\mathrm{i}\frac{\lambda_1+\lambda_2}{\eta_1+\eta_2}Q,\quad F_2=4\mu^2+\left(\frac{\lambda_1+\lambda_2}{\eta_1+\eta_2}\right)^2Q,\quad Q=(\rho_1-\mu)(\rho_2-\mu)$$

$$\psi(Z,X)=(\mu^2+\delta^2/2)\varepsilon Z-\delta X-\psi_0,\quad \rho_j=(\xi_j-\mathrm{i}\eta_j)[\xi_j+\mathrm{i}\eta_j\tanh(\theta_j)]/\mu$$

$$\theta_j=\eta_j[X-\theta_{j0}-(\delta+\xi_j)\varepsilon Z],\quad \lambda_j=\xi_j+\mathrm{i}\eta_j,\mu=|\lambda_j|,\quad j=1,2$$

上面的解中 $A(z),\varphi(z,x,y,t),Z(z)$ 和 $X(z,x,y,t)$ 由方程(6.5)给出。

解2　连续波背景下的亮多自相似子解。

当 $\varepsilon=1$，连续波背景下的亮多自相似子解具有以下形式

$$u=\frac{a_{10}}{\left[1-s_0\int_0^z\beta(s)\,\mathrm{d}s\right]^{3/2}}\left(\rho+\lambda\frac{G_3}{F_3}\right)$$

$$\times\exp\left[\int_0^z\gamma(s)\,\mathrm{d}s+\mathrm{i}\rho^2\left(1-\frac{v^2}{2}\right)(Z-Z_0)+\mathrm{i}vX+\mathrm{i}\varphi(z,t,x,y)\right] \tag{6.9}$$

其中

$$G_3=2\left\{\frac{\lambda}{v}\cos[\kappa(Z-Z_0)]+\mathrm{i}\sin[\kappa(Z-Z_0)]\right\}\times\cosh(\theta X)$$

$$+\frac{2\theta}{\lambda}\left\{\frac{\theta}{\omega}\cos[\phi(Z-Z_0)]+\mathrm{i}\sin[\phi(Z-Z_0)]\right\}\cosh(\lambda X)$$

$$+\frac{2a(\lambda^2-\theta^2)}{\lambda v\omega}\{\cos[\eta+(Z-Z_0)]+\cos[\eta-(Z-Z_0)]+\mathrm{i}\frac{v\omega+\lambda\theta}{v\theta+\omega\lambda}\sin[\eta+(Z-Z_0)]$$

$$+\mathrm{i}\frac{(v\theta+\omega\lambda)(v^2+\theta^2)}{(v\omega+\lambda\theta)(\lambda^2-\theta^2)}\sin[\eta-(Z-Z_0)]\}$$

$$F_3 = \frac{\mu_-}{\mu_+}\cosh(\mu_+ X) + \frac{\mu_-}{\mu_+}\cosh(\mu_- X) + \frac{16a^4(\lambda^2-\theta^2)}{\upsilon\omega(\upsilon\theta+\omega\lambda)^2}\cos[\eta_+(Z-Z_0)]$$

$$+ \frac{(\upsilon\theta+\omega\lambda)^2}{\upsilon\omega(\lambda^2-\theta^2)}\cos[\eta_-(Z-Z_0)] + 4a\{\cos[\kappa(Z-Z_0)]\cosh(\theta X)/\upsilon$$

$$+ \cos[\phi(Z-Z_0)]\cosh(\lambda X)/\omega\} \tag{6.10}$$

且 $\eta_\pm = \kappa\pm\phi$，$\mu_\pm = \lambda\pm\theta$，$\kappa = \lambda\upsilon/2 = \lambda\sqrt{\lambda^2+4\rho^2}/2$，$\phi = \theta\omega/2 = \theta\sqrt{\theta^2+4\rho^2}/2$

上面的解中 $\varphi(z,x,y,t)$，$Z(z)$ 和 $X(z,x,y,t)$ 由方程(6.5)给出；ρ 和 λ 分别为连续波背景和相似子的振幅；θ 决定了方程(6.9)表示单或双相似子；Z_0 和 υ 为两个任意常数。

当 $\theta=0$，方程(6.9)表示连续波背景下的单相似子解，其形式为

$$u = \frac{a_{10}}{\left[1-s_0\int_0^z\beta(s)\mathrm{d}s\right]^{3/2}}\left\{\rho + \frac{\lambda[\lambda\cos(\kappa(Z-Z_0)) + \mathrm{i}\upsilon\sin(k(Z-Z_0))]}{\upsilon\cosh(\lambda X) + 2\rho\cos(\kappa(Z-Z_0))}\right\}$$

$$\times \exp\left[\int_0^z\gamma(s)\mathrm{d}s + \mathrm{i}\rho^2\left(1-\frac{\upsilon^2}{2}\right)(Z-Z_0) + \mathrm{i}\upsilon X + \mathrm{i}\varphi(z,t,x,y)\right] \tag{6.11}$$

如果连续波背景的振幅为 0，方程(6.9)表示不存在连续波背景时的一般的单或双相似子解。注意：方程(6.9)中已经应用了伽利略变换使得解中包含参数 Z_0。该参数的加入使得我们可以研究连续波背景下的单或双相似子的激发操控行为。

6.1.2　时空自相似脉冲传输特性及操控

我们可以利用上面的解析结果(6.7)和(6.8)来讨论自相似脉冲的传输特性及操控问题。从解析结果(6.7)和(6.8)可以看出，在亮、暗多自相似子中各相似子的速度与谱参数以及系统分布参数 $D(z)$ 有关。因而，我们可以通过设计合理的系统参数，对各相似子的速度进行调控，从而达到对自相似脉冲传输的操控。参数 θ_{k0} 和 ϕ_{k0} 决定各自相似子的初始位置和相位。

下面我们讨论周期分布增益系统(4.19)和(4.20)中的相似子对和孤子对的传输行为。首先，我们讨论周期分布增益系统中独立传播的亮、暗相似子对和孤子对的演化行为的比较。独立传播的相似子对或孤子对是超大容量传输中所需要的，这种传输方式可增加系统的容量，减少误码率。从图 6-1 和图 6-2 中可以看到，与亮或暗孤子对相比，随着传输距离的增加，亮或暗相似子对的振幅显著增大。亮孤子对步调一致的独立传输，而亮相似子对中的左边相似子的摆幅比右边的大。而暗相似子对的摆幅比孤子小。

接着，我们讨论相互作用的相似子对的动力学行为。从图 6-3 可以知道，谱参数的虚部 ξ_k 影响了相似子相互作用的方式。由图 6-3(a)看出其中一个相似子沿直线向前传播，而另一相似子呈现出扭折范围越来越大的蛇形传播行为。这两个

相似子周期性地交汇,交汇以后各自毫无影响地向前传播,接着再交汇,这样一直进行下去。图 6-3(b)则呈现出两相似子的蛇形传播演化行为,且扭折范围越来越大,两相似子也发生周期性地交汇。从图 6-1~图 6-3 中可以看到,谱参数 ξ_k 和 η_k 控制各相似子的相互作用的各种行为,独立地传播或者蛇形地相互作用。因而我们可以通过对系统参数的合理设计而实现对相似子对相互作用行为的操控。这些结果对光通信中增加信息的比特率,降低误码率具有重要的理论参考价值。

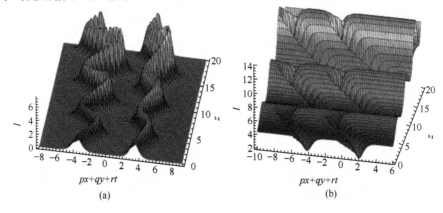

图 6-1　(a)和(b)啁啾的亮、暗相似子对

参数选为 $s_0=0.4, \beta_0=0.1, \gamma_0=0.05, \eta_1=\xi_2=1.5, \xi_1=\eta_2=1.4, \theta_{10}=X_{10}=-\theta_{20}=-X_{20}=r=2$,

$\varepsilon=\pm1$ 分别表示亮、暗相似子对。其他参数选为 1

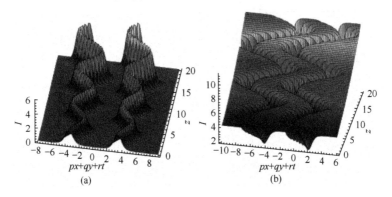

图 6-2　(a)和(b)无啁啾($s_0=0$)的亮、暗孤子对

参数选取同图 6-1

最后,我们来研究连续波背景下的单或双相似子的激发操控行为。实际传播距离 z 可以从零到无穷变化。可是,从方程(6.5)知道由于有效传输距离 Z 与色散系数 $\beta(z)$ 存在积分关系,通过选取色散系数 $\beta(z)$ 的不同值,Z 的取值存在最大值。例如,对于指数色散渐减光纤系统,该系统的色散系数可以表示为[16,17]

$$\beta(z)=\beta_0\exp(-\delta z) \tag{6.12}$$

其中,β_0 为初始的色散系数;$\delta>0$ 表示色散渐减光纤。这种色散渐减光纤的制造已经实现[18]。有效传输距离 Z 在上述系统中的值为

$Z=\dfrac{(p^2+q^2+r^2\sigma)\beta_0[1-\exp(-\delta z)]}{BW_0^2[\delta-s_0\beta_0+s_0\beta_0\exp(-\delta z)]}$。当 $\delta>0,z\longrightarrow+\infty$ 时,Z 达到最大值 $Z_{\max}=$

$\dfrac{(p^2+q^2+r^2\sigma)\beta_0}{BW_0^2(\delta-s_0\beta_0)}$。可以通过比较 $Z_{\max}$ 和 Z_0 的值对连续波背景下的单或双相似子的激发行为进行操控研究。

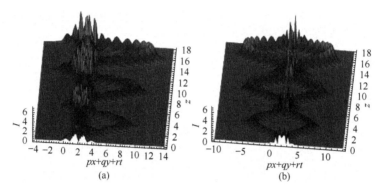

图 6-3　亮相似子对的两种周期相互作用行为

参数选为(a) $\xi_1=0.5,\xi_2=5$,(b) $\xi_1=-\xi_2=4$ 和 $\eta_1=\eta_2=1$. 其他参数选取同图 6-1

为了对比分析连续波背景下的单或双相似子的激发操控行为,下面先来分析方程(6.3)对 Z 没有限制的情况。图 6-4 展示了 Z-X 坐标系中连续波背景下的单或双相似子的自由传播行为,单相似子展现了呼吸子的行为特点,而双相似子展现了周期性相互作用的行为。

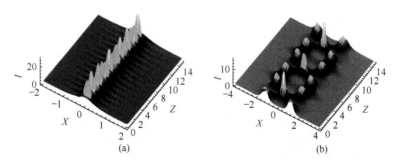

图 6-4　连续波背景下(a)单和(b)双相似子

参数选取为(a) $\lambda=3,\rho=1.5,Z_0=10$;(b) $\theta=2,\lambda=2.5,\rho=0.5,Z_0=10$

在指数色散渐减光纤系统中,Z 存在最大值,通过调节有效传输距离的最大值 $Z_{\max}$ 与参数 Z_0 值大小的关系可以实现对图 6-4 的连续波背景下的单或双相似子

激发行为的操控。

对于单相似子而言,首先,如果 $Z_{max}<Z_0$,如图 6-5(a)和(b)所示,单相似子的完全激发被推迟、甚至抑制(与图 6-4(a)比较),单相似子以呼吸行为传播了某一段距离,接着以比最大振幅更小的幅度传播。图 6-5(a)和(b)也展示了对单相似子抑制激发的径向控制行为,这种行为可以通过对色散渐减光纤参数 δ 取值的调节而实现。其次,如果 $Z_{max}>Z_0$,如图 6-5(c)和(d)所示,单相似子的激发被维持(与图 6-4(a)比较),单相似子以呼吸行为传播了某一段距离,接着维持最大振幅传播。图 6-5(c)和(d)也展示了通过对色散渐减光纤参数 δ 取值的调节而实现了单相似子维持激发的径向控制行为。

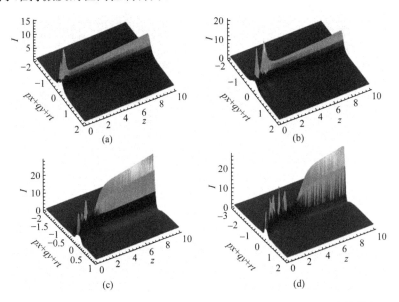

图 6-5　连续波背景下单相似子的(a),(b)延迟激发和(c),(d)维持激发
参数选取为 $\beta_0=2,s_0=-0.02,W_0=0.6,p=q=1,r=2,\sigma=-1,\gamma=0.02,\lambda=3,$
$\rho=1.5,Z_0=10$ 且(a)~(d)δ取值分别为 4.5,2.5,1.5 和 1

对于双相似子而言,图 6-6 展示了三种控制行为。通过调节色散渐减光纤参数 δ 的取值,双相似子产生了独立传播(图 6-6(a))和相互作用传播(图 6-6(b)和(c))。在图 6-6(a)中展示了 $Z_{max}<Z_0$ 时独立传播的双相似子延迟激发的行为。这种延迟激发情况类似于单相似子的情况。可是,当 δ 取不同值,并且还满足 $Z_{max}<Z_0$ 的情况时,双相似子激发会出现其他现象。图 6-6(b)展示了双相似子首先发生相互作用,接着维持最大振幅独立传播(维持激发行为)。图 6-6(c)展示了双相似子首先激发到相互作用位置,接着以比最大振幅更小的幅度独立传播(延迟激发行为)。对于 $Z_{max}>Z_0$,也会出现类似于图 6-6 中的三种激发行为。因此,不同于单相似子的情况,双相似子在 $Z_{max}<Z_0$ 和 $Z_{max}>Z_0$ 时都会出现类似的激发行

为,即以上两种取值条件下均会出现延迟和维持激发行为。

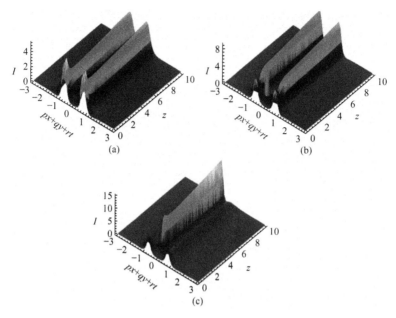

图 6-6 连续波背景下的三种双相似子

参数选取为 $\theta=2, \lambda=2.5, \rho=0.5, Z_0=10$ 且(a)~(c)δ 取值分别为 3.5,2.5 和 3。

其他参数选取与图 6-5 一样

6.2 三次-五次非线性介质中的时空自相似孤子

在本节中,我们主要讨论色散、衍射、三次-五次方非线性和增益或损耗的受抛物势调制相互平衡所产生的 3＋1 维时空自相似子的参量控制和动力学行为。

6.2.1 时空自相似孤子解

傍轴近似下,时空自相似子在非均匀色散、衍射、三次-五次方非线性和增益或损耗的受抛物势调制的介质中传输可以用如下的 3＋1 维非线性薛定谔方程描述[201]:

$$iu_z+\frac{\beta(z)}{2}\Delta u+g_3(z)\,|\,u\,|^2u+g_5(z)\,|\,u\,|^4u+V(z)r^2u=i\gamma(z)u \quad (6.13)$$

其中,$u(z,x,y,t)$ 表示归一化光波电场强度复振幅的包络,z 表示沿传输方向归一化的距离,t 表示延迟时间,x,y 表示归一化横向空间变量;Δ 为三维拉普拉斯算子,即 $\Delta=\partial_x^2+\partial_y^2+\partial_t^2$;函数 $\beta(z)$ 为衍射/色散系数;$g_3(z)$ 和 $g_5(z)$ 为三次-五次方非线性性系数;$V(z)$ 为抛物势调制的强度;$\gamma(z)$ 表示介质的增益(其值为正)或损耗(其值为负)。

下面我们运用 3.2.2 节中介绍的基于标准方程的约化方法来求解方程(6.1)。根据该方法,利用相似变换

$$u(z,x,y,t)=A(z)\mathrm{e}^{i\varphi(z,x,y,t)}U(Z,X) \tag{6.14}$$

其中,待定变量 $A(z)$ 是振幅;$Z(z)$ 是有效的传输距离;$X(z,x,y,t)$ 是变换参数;$\varphi(z,x,y,t)$ 是相位。将方程(6.13)约化为常系数标准非线性薛定谔方程

$$iU_z+\frac{B}{2}U_{XX}+G_3\,|U|^2U+G_5\,|U|^4U=0 \tag{6.15}$$

其中,参数 B,G_3 和 G_5 是常数。

这样,可以得到如下关于 $A(z),Z(z),X(z,x,y,t)$ 和 $\varphi(z,x,y,t)$ 的偏微分方程组,求解这些偏微分方程组,可以得到相似变量、脉冲宽度、中心位置、振幅、有效传输距离以及相位具有以下形式

$$X=\frac{X_c}{W(z)}=\frac{\xi-\xi_c(z)}{W(z)}, \quad W(z)=\frac{3Bg_3\exp(2\Gamma)}{\beta}$$

$$\xi=k_1x+k_2y+k_3t, \quad \xi_c(z)=-9W\int_0^t\frac{B^2\beta(s)}{W^2(s)}\mathrm{d}s \tag{6.16}$$

$$A=\frac{\sqrt{\dfrac{G_3\left(\sum\limits_{i=1}^{3}k_i^2\right)}{W}}}{W}\sqrt{\frac{\beta}{g_3}}, \quad Z=\int_0^z\frac{\left(\sum\limits_{i=1}^{3}k_i^2\right)\beta(s)}{BW(s)}\mathrm{d}s$$

$$\varphi=\frac{W_z}{2\beta W}r^2-\frac{3B^2}{W}\left(\frac{x}{k_1}+\frac{y}{k_2}+\frac{t}{k_3}\right)-\frac{9B^4}{2}\left(\sum_{i=1}^{3}\frac{1}{k_i^2}\right)\int_0^z\frac{\beta(s)}{W^2(s)}\mathrm{d}s$$

其中,累积的增益/损耗系数为 $\Gamma(z)=\int_0^z\gamma(s)\mathrm{d}s$,且 $k_1\equiv k,k_2\equiv l,k_3\equiv m$。

该自相似解的存在必须使系统参数满足如下的约束关系

$$V=\frac{\beta W_{zz}-\beta_z W_z}{2\beta^2 W}, \quad g_5=\frac{G_5 B g_3^2 W^2}{G_3^2\left(\sum\limits_{i=1}^{3}k_i^2\right)\beta} \tag{6.17}$$

如果不存在抛物势调制,即 $V(z)=0$,则由方程(6.17)第一个式子可得到 $W=1+s_0\int_0^z\beta(s)\mathrm{d}s$;方程(6.17)第二个式子就是文献[202]中的第(16)式。

至此,通过相似变换(6.14)构建了变系数方程(6.13)和常系数方程(6.15)的一一对应关系。通过一一对应关系,可以得到方程(6.13)的解为

$$u(z,x,y,t)=\rho(t)\sqrt{\lambda\pm\lambda\Theta(\theta,m_0)}\exp[i\phi(z,x,y,t)] \tag{6.18}$$

其中,$\theta=X-vZ,\phi(z,x,y,t)=\varphi(z,x,y,t)+pZ+vX,\Theta(\theta,m_0)$ 是表 6.2 中所列的雅可比椭圆函数,模数 m_0 描述了波的能量局域程度。

表 6.2　雅可比椭圆函数解

解	G_3	G_5	p	$\Theta(\theta,m_0)$	$m_0=0$	$m_0=1$
1	$\pm\dfrac{Bm_0^2}{\lambda}$	$-\dfrac{3Bm_0^2}{8\lambda^2}$	$\dfrac{B(1-5m_0^2)}{8}-\dfrac{v^2}{2B}$	sn	sin	tanh
2	$\pm\dfrac{Bm_0^2}{\lambda}$	$\dfrac{3Bm_0^2}{8\lambda^2}$	$\dfrac{B(1+4m_0^2)}{8}-\dfrac{v^2}{2B}$	cn	cos	sech
3	$\mp\dfrac{B}{\lambda}$	$\dfrac{3B}{8\lambda^2}$	$\dfrac{B(4+m_0^2)}{8}-\dfrac{v^2}{2B}$	dn	1	sech
4	$\mp\dfrac{B}{\lambda}$	$-\dfrac{3B}{8\lambda^2}$	$\dfrac{B(m_0^2-5)}{8}-\dfrac{v^2}{2B}$	ns	csc	coth
5	$\mp\dfrac{B(m_0^2-1)}{\lambda}$	$\dfrac{3B(m_0^2-1)}{8\lambda^2}$	$\dfrac{B(4m_0^2-5)}{8}-\dfrac{v^2}{2B}$	nc	sec	cosh
6	$\mp\dfrac{B(m_0^2-1)}{\lambda}$	$\dfrac{3B(1-m_0^2)}{8\lambda^2}$	$\dfrac{B(4-5m_0^2)}{8}-\dfrac{v^2}{2B}$	nd	1	cosh
7	$\pm\dfrac{Bm_0^2}{\lambda}$	$-\dfrac{3Bm_0^2}{8\lambda^2}$	$\dfrac{B(1-5m_0^2)}{8}-\dfrac{v^2}{2B}$	cd	cosh	1
8	$\pm\dfrac{B}{\lambda}$	$-\dfrac{3B}{8\lambda^2}$	$\dfrac{B(m_0^2-5)}{8}-\dfrac{v^2}{2B}$	dc	sec	1

6.2.2　时空自相似脉冲传输特性及操控

我们讨论周期系统中时空自相似脉冲传输特性,该系统的周期衍射和非线性系数[33]为

$$\beta(z)=\beta_0[1+\varepsilon_1\sin(\kappa z)], \quad \chi(z)=\chi_0[1+\varepsilon_2\sin(\kappa z)] \tag{6.19}$$

且常数的增益/损耗参数 $\gamma(z)=\gamma_0$。

图 6-7~图 6-10 展示了自相似脉冲的增益与损耗的反转演化行为,也就是对于损耗的情况 $\gamma_0=-0.01$,周期波与自相似脉冲的振幅反而增加;对于增益的情况 $\gamma_0=0.01$,周期波与自相似脉冲的振幅反而减小。产生这一现象的原因是方程(6.16)的分母中出现了宽度函数 $W(z)$。

本节中的解与文献[201]中解的显著区别在于宽度函数 $W(z)$ 影响了解的振幅、有效传输距离、相位等自相似脉冲形成的各因子。定量上来看,自相似波的振幅由 $\dfrac{\sqrt{G_3\left(\sum\limits_{i=1}^{3}k_i^2\right)}}{W}\sqrt{\dfrac{\beta}{g_3}}$ 决定,速度由 $\left[9B^2-v\left(\sum\limits_{i=1}^{3}k_i^2\right)\Big/B\right]\beta(z)/W^2(z)$ 决定,啁啾与 $W_z/[2\beta(z)W(z)]$ 有关,时移由 $\left[9B^2-v\left(\sum\limits_{i=1}^{3}k_i^2\right)\Big/B\right]\int_0^z\dfrac{\beta(s)}{W^2(s)}\mathrm{d}s$ 描述。因此,我们可以通过调节参数 $\beta(z)$,$\gamma(z)$ 和 $g_3(z)$ 来控制自相似波的演化行为。

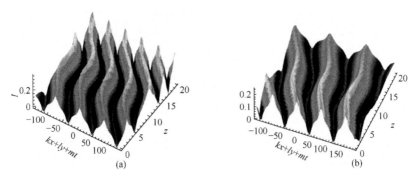

图 6-7　自相似 cn 波的演化行为

参数选取(a)$\gamma_0 = -0.01$ 和(b)$\gamma_0 = 0.01$

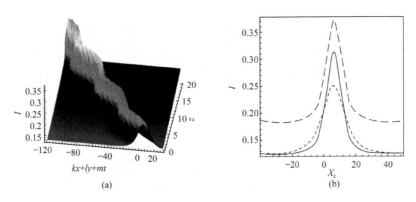

图 6-8　(a)相应于图 6-7(a)的亮自相似脉冲的演化行为；(b)相应于图 6-8(a)的横截图

点线表示初始脉冲,虚线为 $z = 20$ 位置的脉冲,实线表示把虚线移动到初始脉冲处的情况

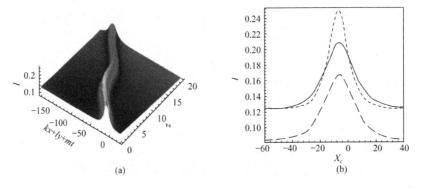

图 6-9　(a)相应于图 6-7(b)的亮自相似脉冲的演化行为；(b)相应于图 6-9(a)的横截图

点线表示初始脉冲,虚线为 $z = 20$ 位置的脉冲,实线表示把虚线移动到初始脉冲处的情况

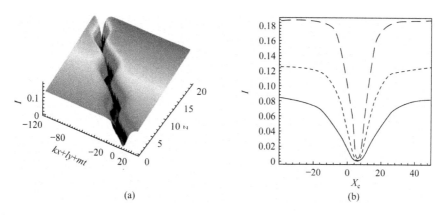

(a)　　　　　　　　　　　　　　　　(b)

图 6-10　(a)$\gamma_0 = -0.01$ 时的暗自相似脉冲的演化行为；(b)相应于图 6-10(a)的横截图
点线表示初始脉冲，虚线和实线分别为 $\gamma_0 = -0.01$ 和 $\gamma_0 = 0.01$ 时的 $z = 20$ 的脉冲

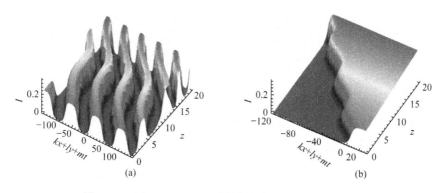

(a)　　　　　　　　　　　　　　　　(b)

图 6-11　(a) $\gamma_0 = -0.01$ 时的自相似 sn 波的演化行为；
(b) 相应于图 6-11(a)的扭结脉冲演化行为

从图 6-7 可以看出，自相似 cn 波在损耗情况(图 6-7(a))下的空间周期比增益情况(图 6-7(b))下小，也就是说，相同的空间范围内损耗情况下的自相似 cn 波的数量比增益情况下要多。图中参数选取为 $\varepsilon_1 = \varepsilon_2 = 0.8$，$\beta_0 = \chi_0 = G_3 = k_1 = k_3 = 1$，$\lambda = \kappa = v = 0.5$，$B = k_2 = 2$ 且 $m_0 = 0.99$。

对应于图 6-7 两种情况的亮相似子演化行为如图 6-8 和图 6-9 所示。从图 6-8(b)可以看出，沿着传输距离，损耗情况下的亮相似子被压缩，振幅增加、脉宽减小。从图 6-9(b)可以看出，沿着传输距离，增益情况下的亮相似子被展宽，振幅减小、脉宽增加。暗相似子也具有亮相似子相类似的演化行为。如图 6-10 所示，沿着传输距离，损耗情况下的暗相似子被压缩，而增益情况下的暗相似子被展宽。图 6-11 展示了自相似 sn 波和扭结脉冲在损耗情况下的周期演化行为，它也具有损耗情况下被压缩，而增益情况下被展宽的性质。

6.3　小　　结

首先,利用基于标准非线性薛定谔方程的约化方法获得了非均匀色散、衍射、非线性和增益或损耗的介质中传输的 3+1 维时空多自相似子以及连续波背景下的单或双相似子的解析表达式,给出了亮、暗相似子和亮、暗孤子的存在条件。研究了 3+1 维时空自相似子对的参量控制和动力学行为,并比较了时空亮、暗相似子和亮、暗孤子的参数控制和动力学演化行为的区别。讨论了连续波背景下的单或双相似子的激发操控行为。结果表明,累积的色散/衍射函数 $D(z)$ 影响了振幅、相位、有效的传输距离、宽度以及中心位置等物理量,从而影响了相似子的形成,谱参数 ξ_k 和 η_k 控制各相似子的相互作用的各种行为,独立地传播或者蛇形相互作用。这些结果对光通信中增加信息的比特率、降低误码率具有重要的理论参考价值。

接着,利用基于三-五次方非线性薛定谔方程的约化方法获得了非均匀色散、衍射、三次-五次方非线性和增益或损耗的受抛物势调制的介质中传输的 3+1 维时空周期波和亮、暗自相似子的解析表达式,研究了它们在周期传输系统中的动力学演化行为,讨论了自相似脉冲的增益与损耗的反转演化行为,也就是对于损耗的情况 $\gamma_0 = -0.01$,周期波与自相似脉冲的振幅反而增加;对于增益的情况 $\gamma_0 = 0.01$,周期波与自相似脉冲的振幅反而减小。

第 7 章　1＋1 维畸形波的操控研究

　　畸形波的研究最早源于海洋动力学。几个世纪前,据航海家描述,海洋中会在无任何征兆的情况下出现像水墙一样的畸形波。这种声名狼藉的畸形波会突然摧毁并吞噬物体,接着又消失得无影无踪。由于它们出现的几率很小而且时间极短,人们一直无法监测。直到 20 世纪 90 年代中期,人们才在北海中用仪器记录了畸形波[202]。畸形波非常陡峭,具有孤立或紧密的轮廓图案;与一般水波相比,它具有较宽的频率成分,故人们认为它可能与孤子有密切联系。目前,对于畸形波的研究广泛存在于海洋[90]、光学[104,105]、玻色-爱因斯坦凝聚[107]等不同领域。在光学中,Solli 等[104]首先引入光畸形波的概念,他们从实验上研究了畸形波的产生,断言畸形波是一种零星的单孤子,并给出了描述其动力学演化的理论模型。畸形波的研究进展可参见 1.3 节中内容。

　　研究表明,畸形波的传输动力学演化行为可以用各种常系数和变系数非线性薛定谔方程来描述。利用相似变换可以将变系数和常系数非线性薛定谔方程建立联系,从而获得变系数非线性薛定谔方程的非自治畸形波的解析表达式。畸形波会突然摧毁并吞噬物体,接着又消失得无影无踪,这一性质是对常系数非线性薛定谔方程的畸形波解而言。但是,我们研究发现对非自治畸形波,除了有上述特性外,还具有其他可操控性质。通过调节相似变换中的有效传输距离与实际传输距离的关系实现对畸形波进行操控,如湮没、维持、重现以及快速激发等。

　　本章内容主要讨论皮秒和飞秒畸形波的操控问题。在 7.1 节,我们研究了皮秒畸形波的参量控制和操控问题。在 7.2 节,我们讨论了飞秒畸形波的参量控制和动力学行为以及隧穿效应。

7.1　1＋1 维皮秒畸形波

　　本节我们主要讨论色散、非线性和增益或损耗相互平衡所产生的 1＋1 维皮秒畸形波的动力学行为以及控制问题。

7.1.1　理论模型及畸形波解

　　当孤子自身散射而振幅无显著变化时,光孤子的传输需要考虑自激拉曼散射效应。这时,孤子在有光电相位调制器存在的非均匀光纤中传输可以用以下的变系数非线性薛定谔方程来描述[203,204]

$$iu_z + \frac{D(z)}{2}u_{tt} + R(z)|u|^2u - 2\lambda_0(z)tu - \frac{\lambda_1(z)}{2}t^2u - i\gamma(z)u = 0 \qquad (7.1)$$

其中,$u(z,t)$表示归一化光波电场强度复振幅的包络,z表示沿传输方向归一化的距离,t表示归一化时间;$D(z),R(z)$分别是纵向距离缓变的二阶色散、非线性系数;$\gamma(z)$是增益($\gamma>0$)或损耗($\gamma<0$);$2\lambda_0(z)tu$项表示当孤子自身散射存在且振幅无显著变化时的自激拉曼散射效应[203];$\lambda_1(z)t^2u/2$项表示光电相位调制[205]。若$\lambda_0=0$,方程(7.1)为文献[206]中抛物势下的变系数非线性薛定谔方程。若$\lambda_0=\lambda_1=0$,方程(7.1)为文献[207]中的变系数非线性薛定谔方程。

　　下面我们运用3.2.2节中介绍的基于标准方程的约化方法来求解方程(7.1)。根据该方法,利用相似变换

$$u(z,t) = A(z)U(Z,T)\exp\{i[a(z)t^2 + b(z)t + c(z)]\} \qquad (7.2)$$

将方程(7.2)约化为常系数标准非线性薛定谔方程

$$iU_Z + \frac{1}{2}U_{TT} + |U|^2U = 0 \qquad (7.3)$$

类似于4.2.1节中的过程,可以得到关于$A(z),Z(z),T(z,t),a(z),b(z)$和$c(z)$的偏微分方程组。由这些偏微分方程可以得到振幅、有效传输距离、相似变量以及相位函数具有以下形式

$$A(z) = \sqrt{k_0}\exp\left[\int_0^z (aD+\gamma)\mathrm{d}z\right], \quad Z = k_0^2\int_0^z D\exp\left(4\int_0^s aD\mathrm{d}s\right)\mathrm{d}z$$

$$T = k_0\left[\exp\left(2\int_0^z aD\mathrm{d}z\right)t + \int_0^z bD\exp\left(2\int_0^s aD\mathrm{d}s\right)\mathrm{d}z\right], \quad c(z) = \frac{1}{2}\int_0^z b^2D\mathrm{d}z$$

$$(7.4)$$

并且啁啾相位函数$a(z)$和线性相位函数$b(z)$分别满足以下的微分方程

$$a_z = \frac{\lambda_1}{2} + 2a^2D \qquad (7.5)$$

和

$$b_z = 2\lambda_0 + 2abD \qquad (7.6)$$

此外,该自相似解的存在必须使系统的色散系数、非线性系数和增益或损耗系数满足如下的约束关系

$$\frac{D_z}{D} - \frac{R_z}{R} = 2(\gamma - aD) \qquad (7.7)$$

即色散系数、非线性系数和增益或损耗系数三个参数中的两个是任意函数,另一个参数由方程(7.7)决定。

　　这样,我们建立了变系数标准非线性薛定谔方程(7.1)和常系数标准非线性薛定谔方程(7.3)的一一对应关系(7.2)。运用Hirota双线性方法[208]可以求得常系数标准非线性薛定谔方程(7.3)的畸形波解

$$U_1 = \frac{(\tau+\mathrm{i}\xi+1/2+a_1)(\tau-\mathrm{i}\xi-3/2+a_1^*)+1/4}{(\tau+\mathrm{i}\xi-1/2+a_1)(\tau-\mathrm{i}\xi-1/2+a_1^*)+1/4}\exp\{\mathrm{i}[(1-v^2/2)(Z-Z_0)+vT]\}$$

$$\tag{7.8}$$

和

$$U_2 = \left(1+\frac{G}{F}\right)\exp\{\mathrm{i}[(1-v^2/2)(Z-Z_0)+vT]\} \tag{7.9}$$

其中

$$G = 24[3\tau-6\tau^2+4\tau^3-2\tau^4-12\xi^2+12\xi^2\tau-12\xi^2\tau^2-10\xi^4+\mathrm{i}\xi(-6+6\tau-8\tau^3+4\tau^4+4\xi^2$$
$$-8\xi^2\tau+16\xi^2\tau^2+8\xi^4)+6a_2(1-2\tau+\tau^2-2\mathrm{i}\xi+2\mathrm{i}\tau\xi-\xi^2)+6a_2^*(-\tau^2+2\mathrm{i}\tau\xi+\xi^2)]$$

$$F = 9-36\tau+72\tau^2-72\tau^3+72\tau^4-48\tau^5+16\tau^6+24\xi^4(5-2\tau+2\tau^2)+16\xi^6$$
$$+24(a_2+a_2^*)(3\tau^2-2\tau^3-3\xi^2+6\xi^2\tau)+48\mathrm{i}(a_2-a_2^*)(-3\xi/2-3\tau\xi+3\tau^2\xi-\xi^3)$$
$$+144a_2a_2^*$$

且 $\tau=T-v(Z-Z_0)$，$\xi=Z-Z_0$，a_1^* 和 a_2^* 是自由参数 a_1 和 a_2 的复共轭。参数 Z_0 和 v 决定畸形波的类型和速度。

需要注意的是，这里使用的常系数标准非线性薛定谔方程(7.3)的畸形波解 (7.8)和(7.9)与文献[208]不同，文献[208]中的解经过伽利略变换就可以得到这里使用的解。经过伽利略变换后，畸形波中心为 $T_c=v(Z-Z_0)$。这个变换在文献[208]，[209]，[98]中没有使用。但是，研究发现伽利略变换中的参数 Z_0 不同于文献[209]中平凡的移动，这个参数对于畸形波的操控非常重要。此外，复参数 a_1 和 a_2 的不同选择可以调控畸形波的演化行为。这些具体的讨论可以参见 7.2.2 节中的内容。

如果参数 a_1 和 a_2 均退化为实数，方程(7.8)为文献[209]中报道的畸形波解。特殊地，如果 $a_1=0$，方程(7.8)可写为文献[100]中的解

$$U_1 = \left\{1-\frac{1+2\mathrm{i}(Z-Z_0)}{[T-v(Z-Z_0)]^2+(Z-Z_0)^2+1/4}\right\}\times\exp\{\mathrm{i}[(1-v^2/2)(Z-Z_0)+vT]\}$$

$$\tag{7.10}$$

如果 $a_2=-1/12$，方程(7.8)可退化为文献[208]中的相应解，如图 7-1(a)所示。但当 a_2 取为复数，我们可以得到三畸形波，即三个单畸形波。三畸形波的图像就是一个畸形波周围环绕着两个"卫星"畸形波，因而也通常将其称为畸形波"三姐妹"。图 7-1(b)～(d)展示了三种类型的三畸形波构成情况。图 7-1(b)中为Ⅰ型三畸形波，其特点为随着传输距离的增加，首先激发中间的一个畸形波，接着再同时激发两侧的两个畸形波。图 7-1(c)中为Ⅱ型三畸形波，其特点与Ⅰ型三畸形波相反，随着传输距离的增加，首先同时激发两侧的两个畸形波，接着再激发中间的一个畸形波。图 7-1(d)中为Ⅲ型三畸形波，其特点为首先激发右侧的一个畸形波，接着激发左侧的一个畸形波，最后再激发右侧的一个畸形波，且右侧的两畸形

波在平行于 Z 轴的直线上。

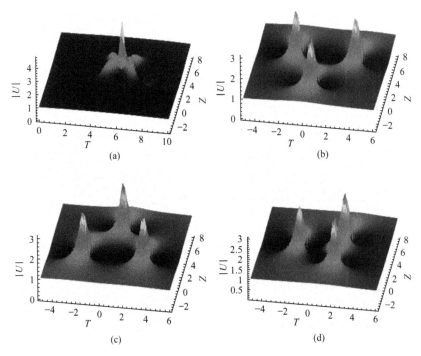

图 7-1　(a) 双畸形波；(b) Ⅰ型三畸形波；(c) Ⅱ型三畸形波以及(d) Ⅲ型三畸形波

参数选取为(a) $a_2=-1/12$，(b) $a_2=1+8i$，(c) $a_2=1-8i$，(d) $a_2=-4+5i$ 且 $Z_0=3$

因此，在满足约束条件(7.7)的情况下，变系数非线性薛定谔方程(7.1)可以通过相似变换(7.2)(其中参数具有方程(7.4)～方程(7.6)的形式)转化成常系数标准薛定谔方程(7.3)。故通过相似变换(7.2)和方程(7.8)及方程(7.9)，可以获得变系数非线性薛定谔方程(7.1)的非自治畸形波解。

7.1.2　皮秒畸形波传输特性及操控

由于一般光纤中皮秒一阶和二阶的非自治畸形波的控制问题已在之前的研究工作文献[122]中报道过，下面主要来讨论三畸形波的操控问题。畸形波的操控问题研究的关键是有效传输距离 Z 值(实际传输距离 z 的函数)与参数 Z_0 值(常数)大小关系的调节。由于有效传输距离 Z 是实际传输距离 z 的函数，所以有效传输距离 Z 与实际传输距离 z 的关系至关重要。从方程(7.4)中的第二式我们可以看到，有效传输距离 Z 与实际传输距离 z 的关系由色散系数 $D(z)$ 决定。由于色散系数 $D(z)$ 可以是任意函数，所以可以讨论多种光纤系统中畸形波的操控问题。

第一种光纤为指数色散渐减光纤系统，该系统的色散系数和非线性系数可以表示为[30,55]

$$D(z)＝D_0 \exp(-\sigma z), \quad R(z)＝R_0 \exp(-\delta z) \tag{7.11}$$

其中，D_0 和 R_0 分别为初始的色散系数和非线性系数；$\sigma>0$ 表示色散渐减光纤；δ 与非线性参数有关。由于色散渐减光纤的制造已经实现[26]，所以该系统可用来讨论畸形波的操控问题。

不失一般性，为了方便，我们讨论常数啁啾相位和常数线性相位问题，即 $a(z)＝a_0, b(z)＝b_0$。根据方程（7.4）中的第二式以及方程（7.10），我们可以得到 $Z＝-k_0^2\{1-\exp[4a_0 D_0(1-\exp(-\sigma z))/\sigma]\}/(4a_0)$，分析这个关系我们知道，当 $\sigma>0$ 时，有 $Z<z$，且当 $z\longrightarrow\infty$ 时 $Z\longrightarrow Z_{max}＝-k_0^2[1-\exp(4a_0 D_0/\sigma)]/(4a_0)$。当 $\sigma<0$ 时，有 $Z>z$，且当 $z\longrightarrow\infty$ 和 $a_0>0$ 时 $Z\longrightarrow\infty$；如果 $a_0<0$，有 $Z<z$，且当 $z\longrightarrow\infty$ 时，$Z\longrightarrow Z_{max}＝-k_0^2/(4a_0)$。下面我们具体讨论 $\sigma>0$ 的情况。

有效传输距离的最大值 Z_{max} 与参数 Z_0 值大小的关系对畸形波的操控问题有着一定的影响。首先，如果 $Z_{max}\gg Z_0$，畸形波被快速地激发。其次，如果 $Z_{max}＝Z_0$，三畸形波展现出两种不同类型的动力学行为。图 7-2(a) 的类型 I 与图 7-1(b) 中的 I 型三畸形波对应，开始时中间的畸形波的激发被延迟，即畸形波的最大振幅已激发但振幅不像图 7-1(b) 中那样下降到 0，下降到 0 的现象被延迟激发。接着原本应该晚激发的左右两侧的畸形波的激发被抑制，即畸形波只激发了前端的一段

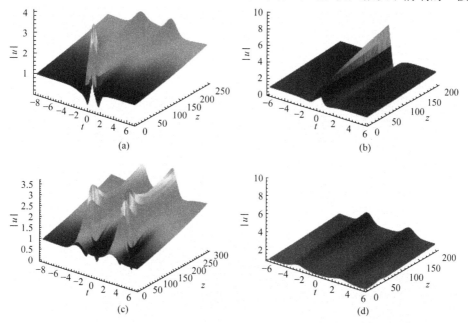

图 7-2　二阶解(7.2)和(7.9)的动力学行为

参数选取为(a),(b) $a_2＝1+8i$,(c),(d) $a_2＝1-8i$ 以及(a),(c) $D_0＝0.028$,

(b),(d) $D_0＝0.005$ 且 $a_0＝\sigma＝0.01, b_0＝0.5, \delta＝0.015, k_0＝1, v＝0.1, Z_0＝3$

波形,完整的畸形波振幅一直在增加,未出现振幅下降的另一半波形。图 7-2(c) 的类型Ⅱ与图 7-1(c)中的Ⅱ型三畸形波对应,两侧的畸形波被延迟激发而未完成完全激发,而本该晚激发的中间的畸形波未被激发而完全消失。最后,如果 $Z_{max}<Z_0$, 三畸形波也展现出两种不同类型的动力学行为。图 7-2(b)的类型Ⅰ与图 7-1(b)中的Ⅰ型三畸形波对应,中间的畸形波以自相似的形式得以维持传播,而原本应该晚激发的两侧的畸形波未被激发而完全消失。图 7-2(d)的类型Ⅱ与图 7-1(c)中的Ⅱ型三畸形波对应,两侧的畸形波的激发被抑制,即畸形波只激发了前端的一段波形,完整的畸形波不能被激发(看上去像独立传播的亮相似子对的动力学行为[30,55]),之后就一直以维持的形式传播下去,而原本应该晚激发的中间的畸形波未被激发而完全消失。

除了上述两种类型的三畸形波的操控外,我们还可以讨论Ⅲ型三畸形波的操控问题。如图 7-3(a)所示,当 $Z_{max}>Z_0$,Ⅲ型三畸形波被完全激发。当 $Z_{max}=Z_0$ 时,与图 7-1(d)对照,图 7-3(b)左侧的一个畸形波激发被抑制,即畸形波只激发了前端的一段波形,未出现振幅下降的另一半波形。而右侧的两个畸形波合并成一个延迟激发的畸形波,即畸形波的完整激发被延迟。当 $Z_{max}<Z_0$ 时,与图 7-1 (d)对照,图 7-3(c)左侧的一个畸形波未被激发而完全消失,而右侧的两个畸形波合并成一个畸形波,该畸形波以维持的形式传播下去。

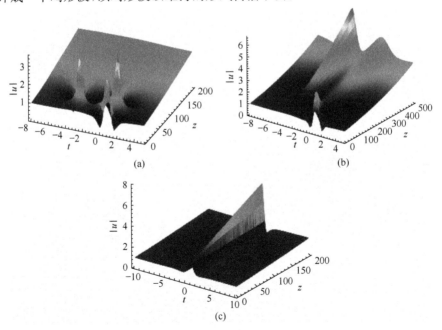

图 7-3　Ⅲ型三畸形波的(a)完全激发;(b)抑制与推迟激发;(c)消失与维持激发
参数选取为(a) $D_0=0.1$,(b) $D_0=0.028$,(c) $D_0=0.005$ 且 $a_2=-4+5i$,其他参数同图 7-2

　　除了图 7-2 和图 7-3 中对三畸形波的操控行为外,我们也可以通过小范围调节参数 Z_0 而实现对同一种行为的径向传播操控。作为两个例子,我们在图 7-4 中展示了相应于图 7-2(a) 和图 7-3(a) 动力学行为的径向操控问题。当 $Z_0＝2.5$ 时,图 7-4(a) 的中间被延迟激发的畸形波的结束位置以及左右两侧被抑制激发的畸形波的产生位置都比 $Z_0＝3.5$ 的图 7-4(b) 的相应畸形波的结束位置或产生位置出现更晚。因而,对于 $Z_{max}＝Z_0$ 的 Ⅰ 型三畸形波而言,Z_0 值越小,被延迟激发的畸形波的结束位置以及被抑制激发的畸形波的产生位置出现越晚。类似地,对于 $Z_{max}＞Z_0$ 的 Ⅲ 型三畸形波而言,从图 7-4(c) 和(d) 比较发现,Z_0 值越小,Ⅲ 型三畸形波被完全激发得越早。对于图 7-2 和 7-3 中的其他情况也可以通过小范围调节参数 Z_0 而实现对同一种行为的径向传播操控。

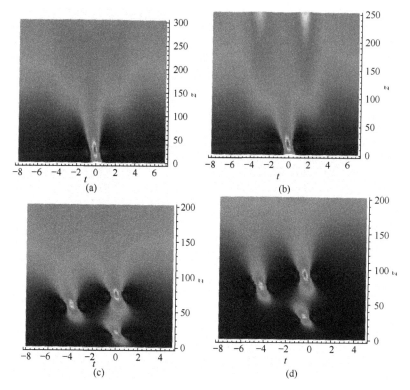

图 7-4　(a) 和(b) 相应于图 7-2(a),(c) 和(d) 相应于图 6-3(a) 的三畸形波的径向操控

参数选取为(a) $Z_0＝2.5, D_0＝0.0238$,(b) $Z_0＝3.5, D_0＝0.0328$,(c) $Z_0＝4$,(d) $Z_0＝5$。

其他参数选取同图 7-2(a) 和图 7-3(a)

　　接着我们讨论第二种光纤即周期分布系统光纤中的三畸形波的操控行为,该系统的色散系数和非线性系数可以表示为[210,211]

$$D(z)＝D_0\cos(\sigma z), \quad R(z)＝R_0\cos(\delta z) \tag{7.12}$$

其中,参数 D_0,σ 和 R_0,δ 分别与群速度色散和非线性有关。这种色散系数和非线性系数提供了正负可变的色散和非线性区域,这种变化有助于孤子的稳定传播[210,211]。

类似于指数色散渐减光纤系统,从方程(7.4)中的第二式以及方程(7.11)有 $Z= -k_0^2 \times \{1-\exp[4a_0D_0\sin(\sigma z)/\sigma]\}/(4a_0)$,因而 $Z \leqslant Z_{\max} = |k_0^2[-1+\exp(|4a_0D_0/\sigma|)]/(4a_0)|$。

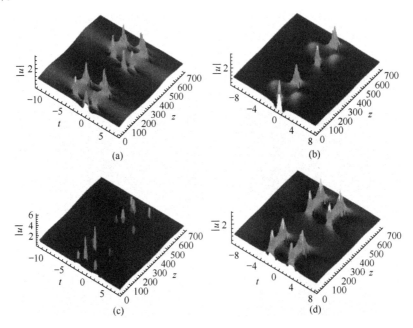

图 7-5　三畸形波的周期再现动力学行为

参数选取为(a),(c) $D_0 = 0.1$;(b),(d) $D_0 = 0.0425$ 且 $\sigma = 0.015$。其他参数选取同图 7-1

如果 $Z_{\max} > Z_0$,三畸形波周期性的循环再现。图 7-5(a)为 I 型三畸形波以团簇形式周期再现的行为。根据一个团簇内畸形波的出现顺序我们将其命名为"一-二-二-一"模式。图 7-5(b)为 II 型三畸形波以团簇形式周期再现的行为。根据一个团簇内畸形波的出现顺序我们将其命名为"二-一-一-二"模式。当 $Z_{\max} = Z_0$,三畸形波展示出另一种周期性的循环再现行为。如图 7-5(c)所示,对于 I 型三畸形波,在一个团簇内,一个畸形波分裂成两个,接着两个又聚合成一个畸形波,我们称它为"一-二-一"模式。如图 7-5(d)所示,对于 II 型三畸形波,两列畸形波周期性的再现。这种初始信号的再现行为外观上类似于 Fermi-pasta-ulama 再现效应。这种再现行为主要由色散系数 $D(z)$ 中出现周期函数而影响有效传输距离 Z 与实际传输距离 z 的关系造成的。

如果 $Z_{max}<Z_0$，三畸形波的激发临界点不会到达，而三畸形波的激发被抑制或消失。同理，我们也可以通过小范围调节参数 Z_0 而实现对同一种行为的径向传播操控。由于与指数色散渐减光纤系统中情况类似以及本书长度有限，我们在这里不作讨论。

7.2　1＋1 维飞秒畸形波

7.1 节研究了皮秒畸形波的操控问题。接下来我们讨论飞秒畸形波的操控问题。

7.2.1　理论模型及畸形波解

我们知道，脉宽为皮秒量级的光脉冲在非均匀光纤中的演化可以通过非线性薛定谔方程(7.1)来描述。然而，如果脉宽窄到飞秒量级，一些高阶效应，如三阶色散效应[126]、自陡效应[212]和自频移效应[136]则不可忽略。所谓自变陡(self-steepe-ning)现象是指脉冲波峰部分的运动速度比其底部更慢，因而导致峰值被延迟，造成波峰向后沿移动，后沿变得越来越陡峭。一个脉冲由于自变陡现象产生脉冲波形畸变，使得频谱也发生改变，从而造成自相位调制频谱展宽的不对称性。所谓孤子自频移(self-frequency shift)是指由于超短光脉冲的频谱足够宽，同一脉冲的高频(蓝端)分量作为泵浦波通过受激拉曼放大将其所携带的能量转移给低频(红端)分量，随着传输距离的增加，这种能量转移表现为孤子频谱的红移(其频移量与脉宽四次方成正比)。自频移将导致孤子频谱移出放大器增益带宽，使信号不能正常放大，同时自频移在时域上表现为孤子位置的漂移，造成定时抖动(time jitter)误码。当二阶色散、高阶色散和各种非线性效应、高阶效应相互平衡时，飞秒光孤子就可以得到稳定的传输[213]。

如果在非均匀光纤中传输，随空间变化的高阶效应必须被考虑[156]。此时非线性薛定谔方程(7.1)已不能完全描述脉冲在光纤中的演化，取而代之的是变系数高阶非线性薛定谔方程，它可以表述成如下的形式[30,214-217]

$$iu_z+D_2(z)u_{tt}+R(z)|u|^2u+iD_3(z)u_{ttt}+i\alpha(z)(|u|^2u)_t+if(z)u(|u|^2)_t=i\Gamma(z)u$$

$$(7.13)$$

其中，$u(z,t)$ 表示慢变光波电场强度复振幅的包络；$D_2(z)$ 和 $D_3(z)$ 分别表示群速度色散和三阶色散；$R(z)$ 表示克尔非线性；$\alpha(z)$ 和 $f(z)$ 分别表示自变陡和延迟的拉曼响应；$\Gamma(z)$ 表示绝热放大(增益)或损耗。该方程的暗孤子解[214]、亮孤子解[30,215]、组合孤子解[216]以及孤子串解[217]都已被研究。

下面运用 3.2.2 节中介绍的基于标准方程的约化方法来求解方程(7.12)。根据该方法，利用相似变换

$$u(z,t)=A(z)U[T(z,t),Z(z)]\exp[\mathrm{i}\phi(z,t)] \tag{7.14}$$

其中,待定变量 $A(z)$ 是振幅; $Z(z)$ 是有效的传输距离; $T(z,t)$ 是变换参数; $\phi(z,t)$ 是相位,将方程(7.13)约化为常系数 Hirota 方程[218]

$$\mathrm{i}U_z+\frac{1}{2}U_{TT}+|U|^2U-\mathrm{i}\alpha_3U_{TTT}-6\mathrm{i}\alpha_3|U|^2U_T=0 \tag{7.15}$$

其中,参数 α_3 是常数。

这样,可以得到如下关于 $A(z),Z(z),T(z,t)$ 和 $\phi(z,t)$ 的偏微分方程组

$$
\begin{aligned}
&A_z-\Gamma A-3D_3A\phi_t\phi_{tt}+D_2A\phi_{tt}=0\\
&T_z+2D_2T_t\phi_t-3D_3T_t\phi_t^2+D_3\phi_{tt}=0\\
&\phi_z+D_2\phi_t^2+D_3\phi_{ttt}-D_3\phi_t^3=0\\
&(D_2-3D_3\phi_t)T_{tt}-3D_3T_t\phi_{tt}=0,\quad T_{tt}=0\\
&(R-\alpha\phi_t)A^2=Z_z,\quad 2(D_2-3D_3\phi_t)T_t^2=Z_z\\
&D_3T_t^3+\alpha_3Z_z=0,\quad (2f+3\alpha)A^2T_t+6\alpha_3Z_z=0
\end{aligned}
\tag{7.16}
$$

类似于 4.2.1 节中偏微分方程组(4.24)~(4.26)的求解,我们可以得到相似变量、有效传输距离、振幅以及相位具有以下形式

$$T=k\left[t+p\left(\frac{k}{\alpha_3}-3p\right)\int_0^z D_3(s)\mathrm{d}s\right]+t_0$$

$$Z=-\frac{k^3}{\alpha_3}\int_0^z D_3(s)\mathrm{d}s \tag{7.17}$$

$$A=A_0\exp\left[\int_0^z \Gamma(s)\mathrm{d}s\right]$$

$$\phi=p\left[t+p\left(\frac{k}{2\alpha_3}-2p\right)\int_0^z D_3(s)\mathrm{d}s\right]+\phi_0$$

其中,脚标为 0 的量为各物理量在 $z=0$ 处的初值;三阶色散函数 $D_3(z)$ 影响了相位以及有效的传输距离等物理量,从而影响了相似子的形成。

该解的存在必须使系统参数满足如下的约束关系

$$D_3(z):D_2(z):R(z):f(z):\alpha(z)$$

$$=1:\left(3p-\frac{k}{2\alpha_3}\right):\frac{k^2(2p\alpha_3-3k)}{3\alpha_3A_0^2\exp\left[2\int_0^z \Gamma(s)\mathrm{d}s\right]}$$

$$:\frac{2k^2}{A_0^2\exp\left[2\int_0^z \Gamma(s)\mathrm{d}s\right]}:\frac{2k^2}{3A_0^2\exp\left[2\int_0^z \Gamma(s)\mathrm{d}s\right]} \tag{7.18}$$

这样,就可以得到以下结果:即在满足约束条件(7.18)的情况下,变系数高阶非线性薛定谔方程(7.13)可以通过变换

$$u=A_0U\left\{k\left[t+p\left(\frac{k}{\alpha_3}-3p\right)\int_0^z D_3(s)\mathrm{d}s\right]+t_0-\frac{k^3}{\alpha_3}\int_0^z D_3(s)\mathrm{d}s\right\}\exp\left[\int_0^z \Gamma(s)\mathrm{d}s+\mathrm{i}\phi\right]$$

$$\tag{7.19}$$

转化成常系数 Hirota 方程(7.15)，其中相位 $\phi(z,t)$ 满足方程(7.17)。

通过变换(7.18)可将变系数高阶非线性薛定谔方程(7.13)的解和常系数 Hirota 方程(7.15)的解建立一一对应关系。这样我们可以得到变系数高阶非线性薛定谔方程(7.13)的一阶($n=1$)和二阶($n=2$)畸形波解

$$u_n = A_0 \left\{ (-1)^n + \frac{G_n + \mathrm{i}(Z-Z_0)H_n}{F_n} \right\} \exp\left[\int_0^z \Gamma(s)\mathrm{d}s + \mathrm{i}(Z-Z_0) + \mathrm{i}\phi \right]$$

(7.20)

其中对于一阶畸形波解

$$2G_1 = H_1 = 8, \quad F_1 = 1 + 4\left[T + 6\alpha_3(Z-Z_0)\right]^2 4(Z-Z_0)^2$$

对于二阶畸形波解

$$
\begin{aligned}
G_2 =& 192T^4 - 4608T^3\alpha_3(Z-Z_0) - 288\left[(436\alpha_3^2+1)(Z-Z_0)^2+1\right]T^2 \\
& - 1152\alpha_3(Z-Z_0)\left[12(12\alpha_3^2+1)(Z-Z_0)^2+7\right]T \\
& - 192(1296\alpha_3^4+216\alpha_3^2+5)(Z-Z_0)^4 - 864(44\alpha_3^4+1)(Z-Z_0)^2+36
\end{aligned}
$$

$$
\begin{aligned}
H_2 =& -384T^4 - 9216T^3\alpha_3(Z-Z_0) - 192\left[(432\alpha_3^2+4)(Z-Z_0)^2-3\right]T^2 \\
& - 2304\alpha_3(Z-Z_0)\left[4(36\alpha_3^2+1)(Z-Z_0)^2+1\right]T - 384(36\alpha_3^2+1)^2(Z-Z_0)^4 \\
& - 192(180\alpha_3^2+1)(Z-Z_0)^2+360
\end{aligned}
$$

$$
\begin{aligned}
F_2 =& 64T^6 + 2304T^5\alpha_3(Z-Z_0) + 48\left[(720\alpha_3^2+4)(Z-Z_0)^2+1\right]T^4 \\
& + 384\alpha_3(Z-Z_0)\left[12(60\alpha_3^2+1)(Z-Z_0)^2-1\right]T^3 + 12\left[16(6480\alpha_3^4 \right.\\
& \left. +216\alpha_3^2+1)(Z-Z_0)^4 - 24(60\alpha_3^2+1)(Z-Z_0)^2+9\right]T^2 \\
& + 144(Z-Z_0)\alpha_3\left[16(36\alpha_3^2+1)^2(Z-Z_0)^4 + (8-864\alpha_3^2)\right. \\
& \left. \times(Z-Z_0)^2+17\right]T + 64(36\alpha_3^2+1)^3(Z-Z_0)^6 \\
& - 432(624\alpha_3^4-40\alpha_3^2-1)(Z-Z_0)^4 \\
& + 36(556\alpha_3^2+11)^3(Z-Z_0)^2+9，且\ T,Z\ 和\ \phi\ 满足方程(7.17)。
\end{aligned}
$$

7.2.2 飞秒畸形波操控及隧穿效应

下面我们主要来研究飞秒畸形波的操控问题。与皮秒畸形波的操控类似，飞秒畸形波的操控的关键也是有效传输距离 Z 值(实际传输距离 z 的函数)与参数 Z_0 值(常数)大小关系的调节。由于有效传输距离 Z 是实际传输距离 z 的函数，所以有效传输距离 Z 与实际传输距离 z 的关系至关重要。从方程(7.17)中的第二式我们可以看到，有效传输距离 Z 与实际传输距离 z 的关系由三阶色散系数 $D_3(z)$ 决定。由于三阶色散系数 $D_3(z)$ 可以是任意函数，所以我们可以讨论多种光纤系统中畸形波的操控问题。

首先，讨论周期分布系统中畸形波的操控行为，该系统的三阶色散系数和增益或损耗系数可以表示为[210,211]

$$D_3 = D_{30}\cos(\kappa z), \quad \Gamma = \Gamma_0$$

(7.21)

其中,参数 D_{30},κ 与三阶色散有关,Γ_0 是常数的净增益或损耗。这种色散系数和非线性系数提供了正负可变的色散和非线性区域,这种变化有助于孤子的稳定传播[210,211]。

一方面根据方程(7.17)中的第二式以及方程(7.22),可以得到 $Z=-\dfrac{D_{30}k^3}{\alpha_3\kappa}\sin(\kappa z)$。

这个关系表明,Z 在区域 $|Z|\leqslant Z_{max}=\left|\dfrac{D_{30}k^3}{\alpha_3\kappa}\right|$ 内变化。另一方面,在方程(7.15)的框架内,畸形波在 $Z=Z_0$ 时激发达到波形的最大振幅处,接着消失。但是在方程(7.13)的框架内当 $Z_{max}=Z_0$ 时畸形波可以维持相当长的传输距离而不消失。当 $Z_{max}<Z_0$ 时,畸形波由于没有充足的传输距离来激发而被抑制甚至消失。当 $Z_{max}>Z_0$ 时,畸形波周期性地循环再现。因而,我们可以通过调节 Z_{max} 和 Z_0 值的大小来实现对畸形波的操控。

如果 $\left|\dfrac{D_{30}k^3}{\alpha_3\kappa}\right|>Z_0$,如图 7-6(a)所示,单畸形波在 $z=-\arcsin\left(\dfrac{Z_0\alpha_3\kappa}{k^3D_{30}}\right)\!\Big/\kappa$ 处以初值 $u(0,t)=U(0,t)$ 激发并发生周期性的循环再现行为。如果 $\left|\dfrac{D_{30}k^3}{\alpha_3\kappa}\right|>Z_0$,如图 7-6(b)所示,单畸形波激发被抑制,即畸形波只激发了前端的一段波形,未出现振幅下降的另一半波形。看上去,这种动力学行为像是小振幅的亮孤子在非零背景下沿着光纤稳定地以蛇形方式传播。此外,三阶色散系数 $D_3(z)$ 也改变了畸形波的传输轨迹。

从方程(7.20)我们可以看出单畸形波的中心为 $t_c=6\alpha_3(Z-Z_0)$,其速度为 $v=6\alpha_3$。对于 $\alpha_3\neq0$,单畸形波的中心周期性地振荡。

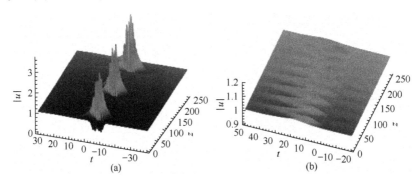

图 7-6　单畸形波的(a)周期再现及(b)消失行为

参数选取为(a)$\kappa=\dfrac{1}{16}$ 和(b)$\kappa=\dfrac{1}{5}$ 且 $A_0=-D_{30}=1$, $k=p=\dfrac{1}{2}$, $\alpha_3=\dfrac{1}{5}$, $\Gamma_0=0.001$, $t_0=0$, $Z_0=8$

接着,讨论指数型色散渐减光纤系统中畸形波的操控行为,该系统的色散系数和非线性系数可以表示为[30,55]

$$D_3(z) = D_{30}\exp(-\sigma z), \quad \Gamma(z) = \Gamma_0 \tag{7.22}$$

其中,D_{30} 与三阶色散有关;$\sigma > 0$ 表示色散渐减光纤;Γ_0 是常数的净增益或损耗。由于色散渐减光纤已经实现[26],所以该系统可用来讨论畸形波的操控问题。

根据方程(7.17)中的第二式以及方程(7.22),可以得到 $Z = -\dfrac{D_{30}k^3}{\alpha_3\sigma}\big[1-\exp(-\sigma z)\big]$。分析这个关系我们知道,当 $\sigma < 0$ 时,有 $Z > z$,且当 $z \longrightarrow \infty$ 时 $Z \longrightarrow \infty$。因而,畸形波在 $z = -\ln\Big[1+\dfrac{\sigma\alpha_3 Z_0}{D_{30}k^3}\Big]\big/\sigma$ 处激发并快速消失。当 $\sigma > 0$ 时,有 $Z < z$,且当 $z \longrightarrow \infty$ 时 $Z \longrightarrow -\dfrac{D_{30}k^3}{\alpha_3\sigma}$。当 z 足够大时,畸形波的中心不发生变化。

因此,如果 $\left|\dfrac{D_{30}k^3}{\alpha_3\sigma}\right| > Z_0$,单、双畸形波被延迟(图 7-7(a)和图 7-8(a)),即完整的畸形波未被激发;如果 $\left|\dfrac{D_{30}k^3}{\alpha_3\sigma}\right| = Z_0$,完整畸形波的传播维持很长距离(图 7-7(b)

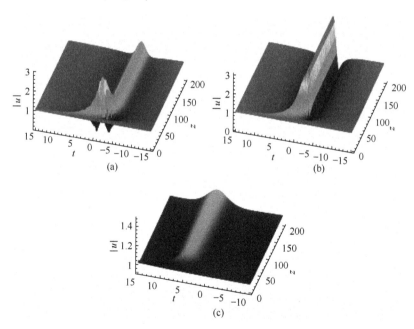

图 7-7　单畸形波的(a)延迟、(b)维持及(c)消失行为

参数选取为(a)$\kappa = 0.1$,(b)$\kappa = 0.113$ 和 (c) $\kappa = 0.17$ 且

$k = 0.565$;$p = 1$,$\Gamma_0 = 0.0001$。其他参数同图 7-6

和图 7-8(b)),即畸形波从初值开始经过很短的传播距离后畸形波的振幅和宽度保持不变;如果 $\left|\dfrac{D_{30}k^3}{\alpha_3\sigma}\right|<Z_0$,畸形波的激发临界值未达到而被抑制(图 7-7(c)和图 7-8(c))。

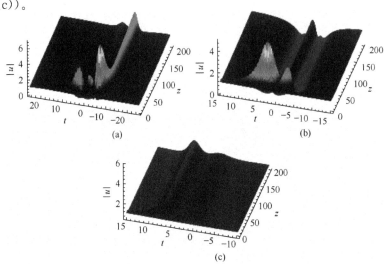

图 7-8　双畸形波的(a)延迟,(b)维持及(c)消失行为

参数选取同图 7-7

最后,讨论畸形波在指数背景中的色散势垒或势阱中的传输行为。该色散势垒或势阱可表示为[219,220]

$$D_3(z)=D_{30}\{re^{-gz}+h\,\mathrm{sech}^2[a(z-z_0)]\},\quad \Gamma(z)=\Gamma_0 \tag{7.23}$$

其中,h 表示势垒或势阱的高度;a 与势垒或势阱的宽度有关;g 为衰减($g>0$)或增加($g<0$)函数;z_0 表示势垒或势阱位置的纵向坐标。当 $D_3>0$ 时,假设 $h>-1$,则 $h>0$ 和 $-1<h<0$ 分别表示色散势垒和势阱。

光孤子的非线性隧穿效应早在 1978 年由 Newell 预言[221]。光孤子在有机薄底片和合成波导中的非线性隧穿也被研究[222]。研究也表明[172],通过调节孤子振幅和势垒高度,可以实现无损隧穿。最近,光孤子和玻色-爱因斯坦凝聚中孤子的非线性隧穿的原因被揭示[223]。但畸形波的隧穿效应未被研究。

根据方程(7.17)中的第二式以及方程(7.23),有效传播距离的最大值为

$$Z_{\max}=-\frac{D_{30}k^3}{\alpha_3}\left\{\frac{h}{a}[1+\tanh(az_0)]+\frac{r}{g}\right\} \tag{7.24}$$

但色散势垒和势阱对畸形波的延迟、维持和消失行为有不同的效果。图 7-9(a)和 7-10(a)表明通过 $z=z_0$ 处的色散势垒和势阱后延迟的畸形波的振幅分别减小和增加。相反的情况出现在当抑制的畸形波通过色散势垒和势阱后的情况。如图 7-9(c)和图 7-10(c)所示,通过 $z=z_0$ 处的色散势垒和势阱后抑制的畸形波的振幅分别增加和减小。而无论维持的畸形波通过色散势垒和势阱后其振幅始终是增加的(图 7-9(b)和图 7-10(b))。

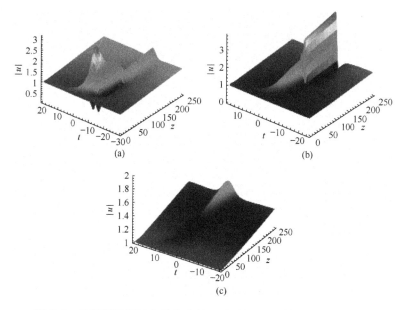

图 7-9　单畸形波通过色散势垒的(a)抑制,(b)维持及(c)消失行为

参数选取为(a)$D_{30}=-0.7$,(b) $D_{30}=-0.582$ 和(c) $D_{30}=-0.4$ 且

$g=0.05, h=a=1.2, r=p=1, z_0=130$。其他参数同图 7-6

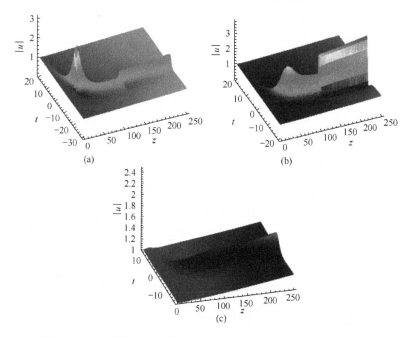

图 7-10　单畸形波通过色散势阱的(a)抑制,(b)维持及(c)消失行为

参数选取为(a)$D_{30}=-0.8$,(b) $D_{30}=-0.686$ 和(c) $D_{30}=-0.5$ 且 $h=-0.8$。其他参数同图 7-9

　　由于解析解稳定性问题的研究至关重要。下面我们运用 3.3 节中介绍的分裂步长快速傅里叶变换算法来讨论解析解的稳定性问题，也就是研究随着传输距离的增加，解析解抵制白噪声扰动的情况。

　　通过变换(7.19)建立了变系数高阶非线性薛定谔方程(7.13)的解和常系数 Hirota 方程(7.15)的解的一一对应关系，由于常系数 Hirota 方程(7.15)的解是稳定的[218]，因而变换(7.19)也保证了变系数高阶非线性薛定谔方程(7.13)的解的稳定。这可以通过以下的几个例子看出。图 7-11(a)展示了色散渐减光纤中相应于图 7-7(a)和(b)的延迟的和维持的单畸形波以及图 7-11(b)相应于图 7-8(a)的延迟的双畸形波在 $z=100$ 处的数值模拟解与解析解的比较。从结果看出，脉冲沿着传输距离的增加被压缩。除了数值模拟解在脉冲边缘有小抖动外，它与解析解并没有太大的差别。图 7-11(c)和(d)为相应于图 7-9(a)和 7-10(a)的通过色散势垒和势阱的延迟的单畸形波传输的数值模拟图。从图中看出，脉冲没有坍塌，可以稳定地传输较长的色散长度。

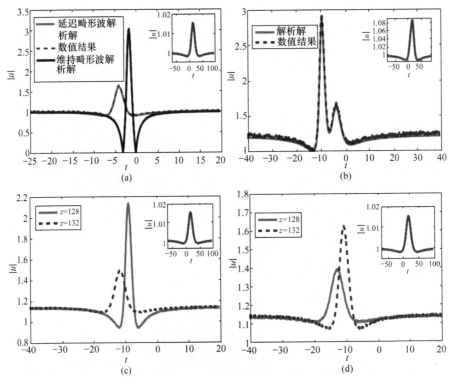

图 7-11　(a) 相应于图 7-7(a)和(b)的延迟的和维持的单畸形波在 $z=100$ 处的数值模拟图；(b) 相应于图 7-8(a)的延迟的双畸形波在 $z=100$ 处的数值模拟图；(c)和(d) 分别相应于图 7-9(a)和图 7-10(a)的通过色散势垒和势阱的延迟的单畸形波传输的数值模拟图。各图中的插图是解析解(7.19)叠加 5% 的白噪声后的初值图

7.3　小　　结

本章主要讨论皮秒和飞秒畸形波的参量控制和操控问题以及飞秒畸形波的隧穿效应。

首先,利用基于标准薛定谔方程的约化方法获得了皮秒三畸形波的解析表达式。通过调节有效传输距离 Z 与实际传输距离 z 的关系,研究了皮秒三畸形波在指数色散渐减光纤系统中的湮没、维持、延迟激发等动力学行为以及周期分布系统光纤中周期性的循环再现等操控行为。另外,研究了皮秒三畸形波在两种光纤系统中的径向传播操控问题。接着,利用基于标准薛定谔方程的约化方法获得了飞秒单、双畸形波的解析表达式。研究了飞秒单、双畸形波在两种光纤系统中的湮没、维持、重现以及快速激发等操控行为,讨论了飞秒单、双畸形波在指数背景中的色散势垒或势阱中的传输行为。最后,数值研究了这些畸形波抗白噪声干扰的稳定性问题。

研究表明,非自治畸形波除具有不可预测特性外,还具有可操控性质。通过调节有效传输距离 Z 和实际传输距离 z 的关系,将 Z 的极大值 Z_{max} 与参数 Z_0 进行比较,实现畸形波各种行为的操控。这些结果为畸形波的危害规避以及应用控制奠定了理论基础。

第8章　高维畸形波的操控研究

在第7章中,我们讨论了1+1维畸形波的操控行为。可是,更一般的情况是高维空间的问题。2+1维空间畸形波和3+1维时空畸形波的动力学演化操控行为值得进一步研究。

8.1节内容讨论了2+1维库兹涅佐夫-马孤子的动力学行为以及控制问题。在8.2节,我们讨论了3+1维畸形波的演化行为以及激发控制问题。

8.1　2+1维库兹涅佐夫-马孤子

本节主要讨论具有长周期光栅结构的渐变型波导中的2+1维库兹涅佐夫-马孤子的动力学行为以及控制问题。

8.1.1　理论模型及库兹涅佐夫-马孤子解

具有长周期光栅结构的渐变型波导中,波导中心折射率大,外包层折射率小。渐变型波导可以通过将波导加热到制造材料的软化温度,接着将它延展到所需的渐变分布形状而制作。最常见的渐变分布形状是接近横向抛物状的分布[224],这种分布可以在苏打石灰玻璃中进行交换银离子的方式来制作完成[225]。波导中折射率周期光栅结构的示意图如图8-1所示。它在波导横向的 x 和 y 方向都呈现了折射率的周期变化包络结构。根据耦合模理论,每个傅里叶分量对这种光栅结构的反射谱中的反射峰都有贡献,周期光栅结构最低的傅里叶分量可以用余弦函数来描述[226]。

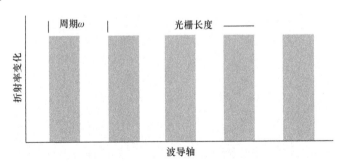

图 8-1　长周期光栅结构

根据以上分析,长周期光栅结构的渐变型波导的折射率为 $n = n_0 + n_1\{\nu(z)(x^2+y^2)+\tilde{l}\cos(\tilde{\omega}z)(x+y)\}+n_2\chi(z)I(z,x,y)$[227],其中,$I(z,x,y)$ 是光强;z,x,y 分别是传播距离和横向的空间坐标。上述折射率表达式的第一、二两项描述线性折射率,第三项描述长周期光栅结构,最后一项描述波导的克尔非线性。在此,假设 $n_1>0$,归一化的函数 $\nu(z)$ 的正负值分别起到聚焦和散焦线性透镜的作用,克尔非线性系数 n_2 正负值分别表示自聚焦和自散焦非线性介质,归一化的函数 $\chi(z)$ 描述克尔非线性介质的非均匀性。

当光波在上述介质中传播,考虑偏振效应时,可以用以下方程描述

$$i\partial_z u_1 + \frac{1}{2}\beta(z)\Delta_\perp u_1 + \chi(z)(c_1|u_1|^2+c|u_2|^2)u_1$$

$$+l\cos(\omega z)(x+y)u_1 + \frac{1}{2}\nu(z)(x^2+y^2)u_1 = i\gamma(z)u_1$$

$$i\partial_z u_2 + \frac{1}{2}\beta(z)\Delta_\perp u_2 + \chi(z)(c_2|u_2|^2+c|u_1|^2)u_2$$

$$+l\cos(\omega z)(x+y)u_1 + \frac{1}{2}\nu(z)(x^2+y^2)u_2 = i\gamma(z)u_2 \tag{8.1}$$

式中,$\Delta_\perp = \partial_x^2+\partial_y^2$;$u_1(z,x,y)$ 和 $u_2(z,x,y)$ 表示电磁场的两个正交分量;z,x,y 分别是传播距离和横向的空间坐标;$u_1(z,x,y)$ 和 $u_2(z,x,y)$ 由 $(k_0|n_2|L_D)^{1/2}$ 进行归一化,z 和 x,y 分别由 L_D 和 W_0 进行归一化,$k_0 = 2\pi n_0/\lambda$ 对应于初始波长为 λ 的波数,$L_D = k_0 W_0^2$ 为衍射长度,$W_0 = (2k_0^2 n_1/n_0)^{-1/4}$ 为初始光束宽度,且 $l = \tilde{l}W_0$,$\omega = \tilde{\omega}W_0$;函数 $\beta(z)$ 为衍射系数;$\chi(z)$ 的正负分别表示自聚焦或自散焦非线性系数;$\gamma(z)$ 的正负分别表示增益或损耗系数;常数 c,c_1,c_2 决定了交叉相位调制和自相位调制耦合强度的关系。对于线性偏振模,$c=2/3,c_1=c_2=1$;对于圆形偏振模,$c=2,c_1=c_2=1$;对于椭圆形偏振模,$2<c<2/3,c_1=c_2=1$[228]。

下面运用 3.2.2 节中介绍的基于标准方程的约化方法来求解方程(8.1)。根据该方法,利用相似变换

$$u_1 = \rho_0\left(\frac{c-c_2}{c^2-c_1 c_2}\right)^{\frac{1}{2}}\exp[\Gamma(z)]D^2(z)U(Z,X)\exp[i\phi(z,x,y)]$$

$$u_2 = \rho_0\left(\frac{c-c_2}{c^2-c_1 c_2}\right)^{\frac{1}{2}}\exp[\Gamma(z)]D^2(z)U(Z,X)\exp[i\phi(z,x,y)] \tag{8.2}$$

将方程(8.1)约化为常系数标准非线性薛定谔方程

$$iU_Z + \frac{1}{2}U_{XX} + |U|^2 U = 0 \tag{8.3}$$

类似于 4.2.1 节中的过程,可以得到相似变量、有效传输距离以及相位函数具有以下形式

$$X = pD^2(z)x + qD^2(z)y - \int_0^z (p+q)\Omega(s)H(s)\mathrm{d}s$$

$$Z = \int_0^z (p^2+q^2)\Omega(s)\mathrm{d}s \tag{8.4}$$

$$\phi = C_\mathrm{p}(z)(x^2+y^2) + H(z)D^2(z)(x+y) - \frac{1}{4}\int_0^z \Omega(s)H^2(s)\mathrm{d}s$$

且 $\Omega(z) = \beta(z)D^4(z)$，$D(z) = \exp\left[-\int_0^z \beta(s)C_\mathrm{p}(s)\mathrm{d}s\right]$

$$H(z) = H_0 + (1/2)\int_0^z l\cos(\omega s)D^2(s)\mathrm{d}s \ 。$$

要使上述变换存在,啁啾相位函数 $C_\mathrm{p}(z)$ 满足以下的微分方程

$$2C_{\mathrm{p},z} + 4\beta C_\mathrm{p}^2 - \nu = 0 \tag{8.5}$$

此外,该自相似解的存在必须使系统的色散系数、非线性系数和增益或损耗系数满足如下的约束关系

$$\chi(z) = \frac{p^2+q^2}{p_0^2}\beta(z)\exp[-2\Gamma(z)] \tag{8.6}$$

即色散系数、非线性系数和增益或损耗系数三个参数中的两个是任意函数,另一个参数由方程(8.6)决定。

这样,我们建立了变系数非线性薛定谔方程组(8.1)和常系数标准非线性薛定谔方程(8.3)的一一对应关系(8.2)。运用达布变换方法[229]可以求得常系数标准非线性薛定谔方程(8.3)的呼吸子解

$$U = \left[1 + \frac{G+\mathrm{i}H}{F}\right]\exp(\mathrm{i}\varphi) \tag{8.7}$$

式中

$\varphi = [1-(v^2/2)](Z-Z_0) + v(X-X_0)$

$G = -k_{12}[k_1^2\delta_2\cosh(\delta_1 Z_{s1})]\cos(k_2 X_{s2}')/k_2$
　　　　$-k_2^2\delta_1\cosh(\delta_2 Z_{s2})\cos(k_1 X_{s1}')/k_1 - k_{12}\cosh(\delta_1 Z_{s1})\cosh(\delta_2 Z_{s2})$

$H = -2k_{12}[\delta_1\delta_2\sinh(\delta_1 Z_{s1})\cos(k_2 X_{s2}')/k_2 - \delta_2\delta_1\sinh(\delta_2 Z_{s2})\cos(k_1 X_{s1}')/k_1$
　　　　$-\delta_1\sinh(\delta_1 Z_{s1})\cosh(\delta_2 Z_{s2}) + \delta_2\cosh(\delta_1 Z_{s1})\sinh(\delta_2 Z_{s2})]$

$F = 2(k_1^2+k_2^2)\delta_1\delta_2\cos(k_1 X_{s1}')\cos(k_2 X_{s2}')/(k_1 k_2)$
　　　　$-(2k_1^2 - k_1^2 k_2^2 + 2k_2^2)\cosh(\delta_1 Z_{s1})\cosh(\delta_2 Z_{s2})$
　　　　$+4\delta_1\delta_2[\sin(k_1 X_{s1}')\sin(k_2 X_{s2}')$
　　　　$+\sinh(\delta_1 Z_{s1})\sinh(\delta_2 Z_{s2})] - 2k_{12}[\delta_1\cos(k_1 X_{s1}')\cosh(\delta_2 Z_{s2})/k_1$
　　　　$-\delta_2\cos(k_2 + X_{s2}')\cosh(\delta_1 Z_{s1})/k_2]$

且 $Z_{s1} = Z - Z_0'$，　$Z_{s2} = Z - Z_0$，$X_{sj} = X - X_j$，　$X_{s1}' = X_{s1} - vZ$，　　$X_{s2}' = X_{s2} - vZ$

$\delta_j = k_j\sqrt{4-k_j{}^2}/2$，$k_{12} = k_1^2 - k_2^2$，　$k_j = 2\sqrt{1+n_j^2}$，　$j = 1,2$。v 是一个任意常数,n_j

为达布变换中的复本征值，k_j 是各呼吸子的调制频率。Z_0, Z'_0, X_j 确定了 Z-X 坐标系里的呼吸子的中心位置。当方程(8.7)中的 n_j 的虚部大于1，方程(8.7)为库兹涅佐夫-马孤子。

利用一一对应关系(8.2)我们得到变系数非线性薛定谔方程组(8.1)的呼吸子解为

$$
\begin{aligned}
u_1 &= \rho_0 \left(\frac{c-c_2}{c^2-c_1 c_2} \right)^{\frac{1}{2}} \exp[\Gamma(z)] D^2(z) \left[1 + \frac{G+iH}{F} \right] \exp(i\Phi) \\
u_2 &= \rho_0 \left(\frac{c-c_1}{c^2-c_1 c_2} \right)^{\frac{1}{2}} \exp[\Gamma(z)] D^2(z) \left[1 + \frac{G+iH}{F} \right] \exp(i\Phi)
\end{aligned}
\tag{8.8}
$$

式中，$\Phi = \phi + \varphi, Z, X$ 和 ϕ 由方程(8.4)给出。当 n_j 的虚部大于1，方程(8.8)描述叠加的库兹涅佐夫-马孤子。

图 8-2(a)和(c)展示了不同 X 位置两平行的库兹涅佐夫-马孤子结构，这些结构由畸形波状的结构组成，两行中包含的畸形波状结构的数量由 δ_1 和 δ_2 的比值来决定。在此，我们选取 $\delta_1 : \delta_2 = 2 : 3$，因此两行中包含的畸形波状结构的数量为 $2 : 3$。图中参数选取为 $n_1 = 1.25i, n_2 = 1.14i, v = 0.2$ 且 (a) $Z_0 = Z'_0 = 8$，$X_0 = -X'_0 = -5$；(b) $Z_0 = Z'_0 = X_0 = X'_0 = 8$；(c) $Z_0 = 8, Z'_0 = 4, X_0 = -X'_0 = -5$；和(d) $Z_0 = 8, Z'_0 = 4, X_0 = X'_0 = 8$。

比较图 8-2(a)和(c)，我们可以看出两行库兹涅佐夫-马孤子中的下方一行完全相同，另一行中畸形波状的结构具有不同 Z 值位置。在图 8-2(a)中两行库兹涅佐夫-马孤子中最左边的两个畸形波状结构具有相同的 Z 值位置，另外三个畸形波状结构呈三角形状排列；而图 8-2(a)中五个畸形波状结构呈五边形状排列。当两行库兹涅佐夫-马孤子共享相同的空间区域，也就是将它们空间上叠放在一起时，图 8-2(a)和(c)中畸形波状结构不同的排布情况会带来不同的叠加结构，即叠加的库兹涅佐夫-马孤子 I 型（图 8-2(b)）和 II 型（图 8-2(d)）结构。白线将图 8-2(b)和(d)中的结构分成相同的两部分。叠加的库兹涅佐夫-马孤子 I 型结构的构建过程可以对比参照图 8-2(a)和(b)。图 8-2(a)中的五个畸形波状结构空间上叠放在一起时，最左边具有相同的 Z 值位置的两个畸形波状结构形成一个一阶畸形波对，剩下的呈三角形状排列的三个畸形波状结构形成一个二阶畸形波，如图 8-2(b)所示白线左侧的情况。图 8-2(c)中的五个畸形波状结构空间上叠放在一起时，它们形成五畸形波团簇结构，如图 8-2(d)所示白线左侧的情况。

在图 8-2 中，沿 Z 轴，孤子在很多位置出现振幅的最大值。为方便起见，我们标注这些位置为 Z_{ij}，其中 i 表示沿 Z 轴正方向上团簇的序列，j 表示第 i 个团簇中的振幅的最大值出现的序列。例如，在图 8-2(b)中，叠加的库兹涅佐夫-马孤子 I 型结构振幅的最大值出现的位置为 $Z_{11} = 3, Z_{12} = 8, Z_{21} = 13, Z_{22} = 18.05$。在

图 8-2(d)中,叠加的库兹涅佐夫-马孤子Ⅱ型结构振幅的最大值出现的位置为 $Z_{11}=2.78, Z_{12}=5.94, Z_{13}=8.35, Z_{21}=12.8, Z_{22}=16, Z_{23}=18.41$。

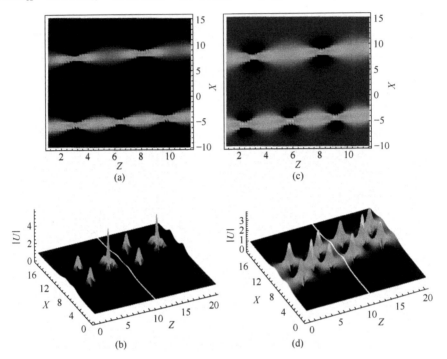

图 8-2　(a)和(c)不同 X 位置两平行的库兹涅佐夫-马孤子结构;两种叠加
的库兹涅佐夫-马孤子:(b)由一阶畸形波对和二阶畸形波组成和(d)由五畸形波团簇组成

8.1.2　叠加的库兹涅佐夫-马孤子传输特性及操控

从方程(8.8)我们知道,当 n_j 的虚部大于1,电磁场的两个正交分量 $u_1(z, x, y)$ 和 $u_2(z, x, y)$ 均描述叠加的库兹涅佐夫-马孤子。两个分量的振幅分别为 $\rho_0 ((c-c_2)/(c^2-c_1c_2))^{1/2} \exp[\Gamma(z)] D^2(z)$ 和 $\rho_0 ((c-c_1)/(c^2-c_1c_2))^{1/2} \exp[\Gamma(z)]D^2(z)$,宽度与 $D^{-2}(z)$ 有关,孤子中心由 $\Omega(z)H(s)/D^2(z)$ 决定,相位啁啾由方程(8.5)决定,相位的线性部分与 $H(s)D^2(z)$ 有关。从上述各项的表达式可以看出,衍射系数和相位啁啾系数影响了这些孤子的形成因子,而增益/损耗参数只影响孤子振幅,不会影响孤子宽度、中心和相位。

下面主要来讨论叠加的库兹涅佐夫-马孤子的操控问题。要研究操控问题,关键是对有效传输距离 Z 值(实际传输距离 z 的函数)与参数 Z_0 值(常数)大小关系进行调节。由于有效传输距离 Z 是实际传输距离 z 的函数,所以有效传输距离 Z 与实际传输距离 z 的关系至关重要。从方程(8.4)中的第二式我们可以看到,有

效传输距离 Z 与实际传输距离 z 的关系由衍射系数 $\beta(z)$ 和相位啁啾 $C_p(z)$ 决定。由于这些系数可以是任意函数,所以可以讨论各种波导系统中叠加的库兹涅佐夫-马孤子的操控问题。

在此,我们讨论指数型衍射渐减波导系统中叠加的库兹涅佐夫-马孤子的操控问题,该系统的衍射系数可以表示为[16,17]

$$\beta(z) = \beta_0 \exp(-\sigma z) \tag{8.9}$$

且相位啁啾 $C_p(z) = C_{p,0} \exp(\sigma z)$,其中 β_0 为初始的衍射系数,$\sigma > 0$ 表示衍射渐减波导。

从方程(8.4)中的第二式我们可以得到 $Z = \beta_0(p^2 + q^2)[1 - \exp(-\Lambda z)]/\Lambda$,其中 $\Lambda = \sigma + 4\beta_0 C_{p,0}$。分析这个关系我们知道,当 $\Lambda > 0$ 时,有 $Z < z$,且当 $z \to \infty$ 时,$Z \longrightarrow Z_{max} = \beta_0(p^2 + q^2)/\Lambda$。当 $\Lambda < 0$ 时,有 $Z > z$,且当 $z \longrightarrow \infty$ 时,$Z \longrightarrow \infty$。

在方程(8.1)的框架下,真实的传播距离 z 从 0 到无穷变化。根据方程(8.4)中的第二式,我们知道 Z 不是任意选取,它存在最大值。在方程(8.3)的框架下,有效传输距离 Z 可以任意选取。在图 8-2 中,沿 Z 轴,孤子在很多位置出现振幅的最大值。因此,通过调节 Z_{max} 和 Z_{ij} 的大小,我们可以控制图 8-2(b)和(d)中叠加的库兹涅佐夫-马孤子的激发程度。由于图 8-2(b)和(d)中叠加的库兹涅佐夫-马孤子的团簇结构周期性出现,因而在方程(8.1)的框架下叠加的库兹涅佐夫-马孤子的控制激发行为也是周期性出现的(图 8-3)。图 8-3 中参数选取为 $\gamma = 0.005$,$\rho_0 = 0.05$,$l = 0.2$,$\omega = 0.25$,$H_0 = 0.2$,$p = 1$,$q = 2$,$C_{p,0} = -0.1$,$\beta_0 = 0.02$,$c = 2$,$c_1 = c_2 = 1$ 且(a)~(i)中,$\sigma = 0.3, 0.2, 0.16, 0.095, 0.082, 0.07, 0.06, 0.055, 0.051$。

对于叠加的库兹涅佐夫-马孤子 I 型结构,当 $Z_{max} < Z_{11}$ 时,第一个团簇中的畸形波对的激发临界值未达到而被抑制。如图 8-3(a)所示,畸形波对只被激发到初始位置而未激发到最大值,并且维持该初始形状自相似地传播。当 $Z_{max} = Z_{11}$ 时,如图 8-3(b)所示,第一个团簇中的畸形波对激发到最大值并维持该最大值传播很长距离,第一个团簇中的二阶畸形波以及之后各团簇中的畸形波结构都被抑制。当 Z_{max} 略大于 Z_{11},第一个团簇中的畸形波对结构的完全激发被推迟。如图 8-3(c)所示,即畸形波对只激发了前端的一段波形至最大值,完整的畸形波对不能被激发(下降部分只被激发到一定的幅度,未被激发到最小值),之后就一直以维持的形式传播下去,而原本应该出现的第一个团簇中的二阶畸形波以及之后各团簇中的畸形波结构未被激发而完全消失。

如果 Z_{max} 的值继续增加,第一个团簇中的畸形波对完全被激发(图 8-3(d)~(f))。当 Z_{max} 略小于 Z_{12} 时,第一个团簇中的二阶畸形波的激发临界值未达到而被抑制。如图 8-3(d)所示,二阶畸形波只被激发到初始位置而未激发到最大值,并且维持该初始形状自相似地传播。当 $Z_{max} = Z_{12}$ 时,如图 8-3(e)所示,第一个团簇中的二阶畸形波激发到最大值并维持该最大值传播很长距离。当Z_{max}略大于Z_{12}时，第一个团簇中的二阶畸形波的激发临界值未达到而被抑制。如图 8-3(f)所示，第一个团簇中二阶畸形波的完全激发被推迟，即二阶畸形波激发了前端的一段波形至最大值，完整的二阶畸形波不能被激发，之后就一直以一定的幅度传播下去，而原本应该之后出现的各团簇中的畸形波结构未被激发而完全消失。

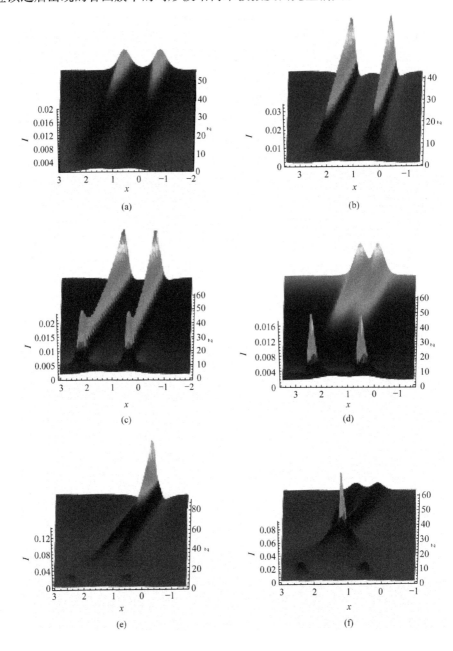

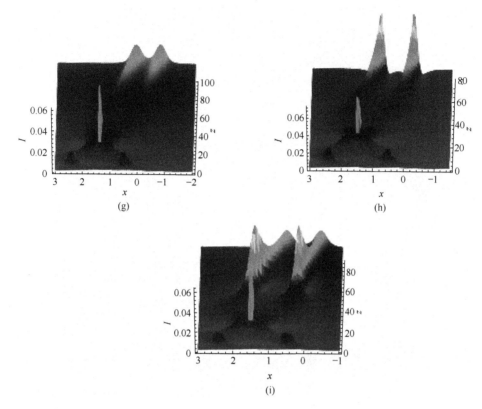

图 8-3　叠加的库兹涅佐夫-马孤子Ⅰ型结构的受控激发行为 $I=|u_1|^2+|u_2|^2$

(a),(d),(g)三种抑制激发行为,(b),(e),(h)三种维持激发行为,(c),(f),(i)三种延迟激发行为。
图中选取 $y=2$,当 y 取其他值时也出现类似行为

如果 Z_{max} 的值继续增加,第一个团簇中的畸形波对和二阶畸形波被完全激发(图 8-3(g)~(i))。当 Z_{max} 略小于和略大于 Z_{21} 时,第二个团簇中的畸形波对分别出现抑制和延迟激发行为,如图 8-3(g)和(i)所示。当 $Z_{max}=Z_{21}$ 时,如图 8-3(e)所示,第二个团簇中的畸形波对出现维持激发行为。如果 Z_{max} 的值继续增加,第二个团簇中的二阶畸形波分别出现抑制、维持和延迟激发行为。随着 Z_{max} 的值不断增加,周而复始的出现各团簇中的畸形波对和二阶畸形波的抑制、维持和延迟激发行为。

对于叠加的库兹涅佐夫-马孤子Ⅱ型结构,当 Z_{max} 略小于、略大于以及等于 Z_{11} 时,第一个团簇中的畸形波对的抑制、延迟和维持激发行为将会出现。这些图形类似于图 8-3(a)~(c),在此我们不列出这些图形。

当 Z_{max} 增加到略小于 Z_{12} 时,如图 8-4(a)所示,第一个团簇中的畸形波对被完全激发,五畸形波团簇结构中间的那个畸形波状结构的激发被抑制,只激发到其初始

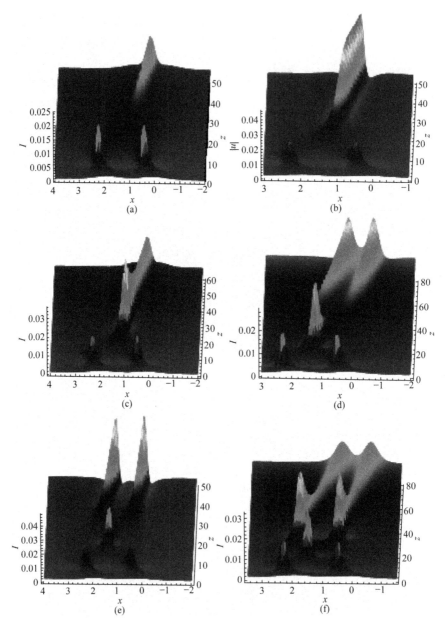

图 8-4　叠加的库兹涅佐夫-马孤子Ⅱ型结构的受控激发行为 $I = |u_1|^2 + |u_2|^2$

(a),(d),两种抑制激发行为,(b),(e)两种维持激发行为,(c),(f)两种延迟激发行为。

图中选取 $y=2$,当 y 取其他值时也出现类似行为

位置。当 Z_{max} 增加到等于 Z_{12} 时,如图 8-4(b)所示,第一个团簇中的畸形波对被完全激发,五畸形波团簇结构中间的那个畸形波状结构被激发到最大值并维持该最

大值传播很长距离。当 Z_{max} 增加到略大于 Z_{12} 时,如图 8-4(c)所示,第一个团簇中的畸形波对被完全激发,五畸形波团簇结构中间的那个畸形波状结构的完全激发被延迟,即中间的那个畸形波状结构激发了前端的一段波形至最大值,完整的畸形波状结构不能被激发,之后就一直以一定的幅度传播下去,而原本应该之后出现的各团簇中的畸形波结构未被激发而完全消失。图 8-4 中参数选取除(a)~(f)中 $\sigma = 0.115, 0.1, 0.095, 0.086, 0.075, 0.068$ 外,其他参数选取与图 8-3 相同。

当 Z_{max} 继续增加,五畸形波团簇结构中间的那个畸形波状结构也被完全激发。当 Z_{max} 略小于、略大于以及等于 Z_{13} 时,第一个团簇尾部的畸形波对的抑制、延迟和维持激发行为将会出现。随着 Z_{max} 的值不断增加,周而复始地出现各团簇中的畸形波对和中间畸形波状结构的抑制、维持和延迟激发行为。

因此,通过调节不同的 σ 值,我们可以实现对叠加的库兹涅佐夫-马孤子 I 型和 II 型结构中各畸形波状结构的抑制、维持和延迟激发行为的操控。

8.2　3+1 维畸形波

在本节中,我们主要讨论色散、衍射、非线性和增益或损耗相互平衡所产生的 3+1 维畸形波的激发行为的操控特性。

8.2.1　理论模型及畸形波解

电介质中的电磁场 $\boldsymbol{E}(r, t)$ 满足麦克斯韦方程 $\nabla^2 \boldsymbol{E} - \dfrac{1}{c^2} \dfrac{\partial^2 \boldsymbol{D}}{\partial t^2} = \nabla(\nabla \cdot \boldsymbol{E})$,其中电位移矢量大小 $D = \varepsilon E, \varepsilon$ 为相对介电常数,它近似等于 n^2。在克尔介质中,折射率 n 为 $n = n_0 + n_2 |E|^2$,其中 n_0 为非均匀的线性折射率,n_2 为非线性系数。

将电位移矢量大小 $D = n^2 E$,电场强度大小 $E = \dfrac{1}{2} \{u(r, t) \exp[\mathrm{i}(wt - kz)] + c.c.\}$ 代入麦克斯韦方程,可以得到

$$iu_z + \frac{1}{2}\beta(z)\Delta_\perp u + \chi(z)|u|^2 u = 0 \tag{8.10}$$

其中,$\beta(z) = 1/k$,　$k = w/c = 2\pi n_0/\lambda$;　$\chi(z) = n_0 n_2 k$。

将方程(8.10)推广到考虑时空效应的情况,即包括衍射效应、色散效应、非线性效应以及增益/损耗效应,我们可以得到以下的 3+1 维非线性薛定谔方程描述[189]:

$$iu_z + \frac{\beta(z)}{2}(\Delta_\perp u + u_{tt}) + \chi(z)|u|^2 u = i\gamma(z)u \tag{8.11}$$

其中, $u(z,x,y,t)$ 表示归一化光波电场强度复振幅的包络, z 表示沿传输方向归一化的距离, t 表示延迟时间, x,y 表示归一化横向空间变量; $\Delta_\perp$ 为二维拉普拉斯算子, 即 $\Delta_\perp = \partial_x^2 + \partial_y^2$; 函数 $\beta(z)$ 为衍射/色散系数; $\chi(z)$ 为自聚焦(其值为正)或自散焦(其值为负)效应的非线性系数; $\gamma(z)$ 表示介质的增益(其值为正)或损耗(其值为负)。

类似于 6.1.1 节中的求解过程, 我们可以知道当系统参数满足如下的约束关系

$$\chi = \frac{\beta(k^2+l^2+m^2)}{\alpha(W_0\rho_0)^2}\exp\left[-2\int_0^z\gamma(\zeta)\mathrm{d}\zeta\right] \tag{8.12}$$

利用相似变换

$$u = \rho_0\alpha^{3/2}U[Z(z),T(z,x,y,t)]$$
$$\times \exp\left\{\int_0^z\gamma(\zeta)\mathrm{d}\zeta - \mathrm{i}[C_p(z)r^2 + L_p(z)(x+y+t) + S_p(z)]\right\} \tag{8.13}$$

其中, $r^2 = x^2+y^2+t^2$; $Z(z) = (k^2+l^2+m^2)\alpha(z)D(z)/W_0^2$; $T(z,x,y,t) = [\xi - \xi_c(z)]/W(z)$ $\xi = kx+ly+mt$, $\xi_c(z) = \xi_0 - (L_{p0}+s_0\xi_0)D(z)$, $W(z) = W_0/\alpha$; $C_p(z) = s_0\alpha(z)/2$ $L_p(z) = L_{p0}\alpha(z)/(k+l+m)$; $S_p(z) = 3L_p^2\alpha(z)D(z)/[2(k+l+m)^2]$, $\alpha(z) = 1/[1-s_0D(z)]$ $D(z) = \int_0^z\beta(\zeta)\mathrm{d}\zeta$ 且八个常数的含义分别如下: s_0 和 L_{p0} 分别为波前的弯曲及位置, ρ_0 和 ξ_0 分别为初始振幅及脉冲初始中心位置, W_0,k,l,m 分别与初始脉宽和群速度参数有关, 方程 (8.11)可以化简为以下标准方程

$$\mathrm{i}U_Z + \frac{1}{2}U_{TT} + |U|^2U = 0 \tag{8.14}$$

从上述条件(8.12)可以看出, 解的存在条件是系统参数衍射/色散、非线性和增益或损耗效应精确平衡的结果。这三个参数中只有两个是任意的。例如, 如果 $\beta(z)$ 和 $\chi(z)$ 是任意的, 那么 $\gamma(z)$ 可以由方程 (8.12)获得。

利用方程(8.14)的解[208], 我们可以得到方程(8.11)具有以下一阶和二阶畸形波解

$$u = \rho_0\alpha^{3/2}\frac{(\tau+\mathrm{i}\eta+1/2+a_1)(\tau-\mathrm{i}\eta-3/2+a_1^*)+1/4}{(\tau+\mathrm{i}\eta-1/2+a_1)(\tau-\mathrm{i}\eta-1/2+a_1^*)+1/4}$$
$$\times \exp\left\{\int_0^z\gamma(\zeta)\mathrm{d}\zeta - \mathrm{i}[C_p(z)r^2 + L_p(z)(x+y+t) + S_p(z)\right.$$
$$\left. - (1-v^2/2)(Z-Z_0) - vT]\right\} \tag{8.15}$$

以及

$$u = \rho_0 a^{3/2} \left(1 + \frac{G}{F} \right) \exp \Big\{ \int_0^z \gamma(\zeta) \mathrm{d}\zeta - \mathrm{i} [C_\mathrm{p}(z) r^2 + L_\mathrm{p}(z) (x+y+t) + S_\mathrm{p}(z)$$

$$- (1 - v^2/2)(Z - Z_0) - vT] \Big\} \tag{8.16}$$

其中

$$\begin{aligned} G = 24 [& 3\tau - 6\tau^2 + 4\tau^3 - 2\tau^4 - 12\eta^2 + 12\eta^2\tau - 12\eta^2\tau^2 \\ & -10\eta^4 + \mathrm{i}\eta(-6 + 6\tau - 8\tau^3 + 4\tau^4 + 4\eta^2 - 8\eta^2\tau + 16\eta^2\tau^2 + 8\eta^4) \\ & + 6a_2(1 - 2\tau + \tau^2 - 2\mathrm{i}\eta + 2\mathrm{i}\tau\eta - \eta^2) + 6a_2^*(-\tau^2 + 2\mathrm{i}\tau\eta + \eta^2)] \end{aligned}$$

$$\begin{aligned} F = 9 & - 36\tau + 72\tau^2 - 72\tau^3 + 72\tau^4 - 48\tau^5 + 16\tau^6 + 24\eta^2(3 + 3\tau \\ & - 4\tau^3 + 2\tau^4) + 24\eta^4(5 - 2\tau + 2\tau^2) + 16\eta^6 + 24(a_2 + a_2^*) \\ & (3\tau^2 - 2\tau^3 - 3\eta^2 + 6\eta^2\tau) + 48\mathrm{i}(a_2 - a_2^*)(-3\eta/2 - 3\tau\eta \\ & + 3\tau^2\eta - \eta^3) + 144 a_2 a_2^* \end{aligned}$$

其中，$\tau = T - v(Z - Z_0)$，$\eta = Z - Z_0$ 且 a_1^*, a_2^* 是参数 a_1, a_2 的复共轭。实参数 Z_0 和 v 决定了畸形波的激发类型和速度。

8.2.2　高维畸形波传输特性及操控

我们可以利用上面的解析结果(8.15)和(8.16)来讨论畸形波的传输特性及操控问题。从解析结果(8.15)和(8.16)可以看出，畸形波的振幅、速度、脉宽、相位等因子与系统衍射/色散系数 $\beta(z)$ 有关。因而，我们可以通过设计合理的系统参数，对畸形波的各种因子进行调控，从而达到对自相似脉冲传输的操控。

与低维的非自治畸形波的控制问题类似，高维畸形波的操控问题研究的关键也是有效传输距离 Z 值(实际传输距离 z 的函数)与参数 Z_0 值(常数)大小关系的调节。由于有效传输距离 Z 是实际传输距离 z 的函数，所以有效传输距离 Z 与实际传输距离 z 的关系至关重要。从方程(8.13)中我们知道有效传输距离 $Z(z) = (k^2 + l^2 + m^2)\alpha(z)D(z)/W_0^2$，因而它与实际传输距离 z 的关系由系数 $\beta(z)$ 决定。由于系数 $\beta(z)$ 可以是任意函数，所以可以讨论多种光纤系统中畸形波的操控问题。在此，我们讨论一些衍射/色散渐减光纤中的畸形波的控制问题。

第一个例子，对数型衍射/色散渐减光纤可以用以下表达式来描述[230-232]

$$\beta(z) = \ln \left\{ \mathrm{e} + \frac{z}{L} \left[\exp\left(\frac{1}{C}\right) - \mathrm{e} \right] \right\} \tag{8.17}$$

其中，$1/C$ 为表示初始和光纤长度 L 处脉冲的压缩比，e 为自然对数。

在标准方程(8.14)中，畸形波在 $Z = Z_0$ 处激发到最大值，接着消失。而在变系数方程(8.11)中，考虑对数型衍射/色散渐减光纤的情况，$Z = \dfrac{k^2 + l^2 + m^2}{s_0 W_0^2} \times$

$\left(1 + \dfrac{\mathrm{e}^{1/C} - \mathrm{e}}{s_0 \{ \ln[(z\mathrm{e}^{1/C} + (L-z)\mathrm{e})/L] - 1\}[z\mathrm{e}^{1/C} + (L-z)\mathrm{e}] + \mathrm{e} - \mathrm{e}^{1/C}} \right)$，这表明 Z 存在

极大值 Z_{max}。如图 8-5 所示，三种不同的 Z_{max} 与 Z_0 的关系可以通过调节不同的群速度参数 k,l,m 而实现。图中参数选取 $v=\rho_0=0.05, Z_0=5, \gamma=0.005, S_0=-0.008, d_0=0.1, \zeta_0=0.5, W_0=C=2, L=60, \beta_0=0.2, a=1-0.5i$。

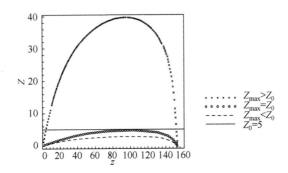

图 8-5　三种不同的 Z_{max} 与 Z_0 的关系

群速度参数分别为(a) $k=m=1, l=2$(叉线)，(b) $k=0.1, m=l=0.5$(圈线)，

(c) $k=0.1, m=0.5, l=0.2$(虚线)

当 $Z_{max}<Z_0$ 时，一阶畸形波的激发临界值未达到而被抑制。图 8-6 展示了相应于图 8-5 中虚线的畸形波激发抑制的情况。图 8-6(a)展示了混合时空坐标下(即 $kx+ly+mt$)的一阶畸形波的激发抑制情形，图 8-6(b)和(c)分别描述了 x-z 坐标系($y=1, t=1$)和 y-z 坐标系($x=1, t=1$)中的一阶畸形波的激发抑制情形。从这些图中可以看到，抑制激发的一阶畸形波看上去类似于非零背景中的以小振幅稳定传输的亮自相似子的传播行为[233]。

当 $Z_{max}=Z_0$ 时，一阶畸形波被激发到最大值，并维持最大值传播很长距离(图 8-7)，即畸形波从初值开始经过很短的传播距离后畸形波的振幅和宽度以自相似的形式传播。从图 8-7(b)和(c)看出，一阶畸形波的振幅和调制深度增加而宽度减小。

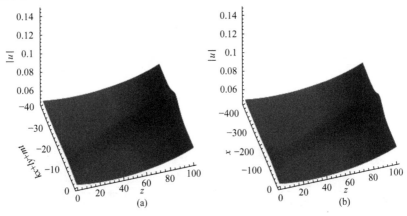

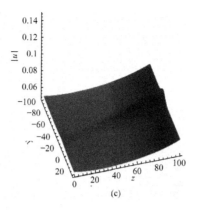

图 8-6　一阶畸形波的激发抑制行为

（a）混合时空坐标系，(b)x-z 坐标系($y=1,t=1$)

和(c)y-z 坐标系($x=1,t=1$)。其他参数值与图 8-5 中虚线所取相同

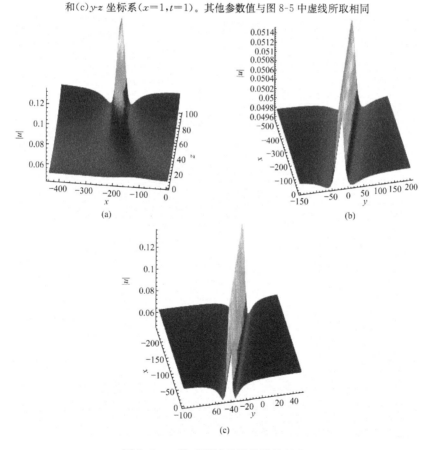

图 8-7　一阶畸形波的激发维持行为

（a）x-z 坐标系($y=1,t=1$),(b)和(c)x-y 坐标

系($t=1$)中在 $z=0$ 和 $z=4$ 位置处的图形。其他参数值与图 8-5 中圈线所取相同

当 Z_{max} 远大于 Z_0 时,如图 8-8 所示,完整的一阶畸形波被快速激发。从图 8-8(b) 和 (c) 看出,一阶畸形波被压缩并激发到最大值,接着快速消失(图 8-8(a))。当 Z_{max} 略大于 Z_0 时,一阶和二阶畸形波的完整激发被推迟(图 8-12)。

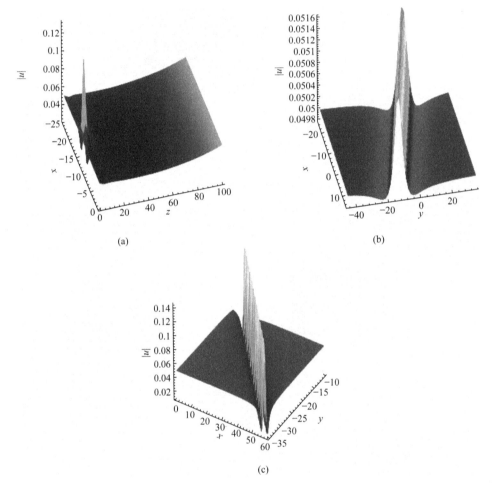

图 8-8 一阶畸形波的快速激发行为

(a) x-z 坐标系($y=1, t=1$),(b) 和 (c) x-y

坐标系($t=1$)中在 $z=0$ 和 $z=100$ 位置处的图形。其他参数值与图 8-5 中叉线所取相同

类似于一阶畸形波的激发控制行为,当 $Z_{max} < Z_0$,$Z_{max} = Z_0$ 以及 $Z_{max} > Z_0$ 时,将出现二阶畸形波的抑制、维持以及快速激发行为。在此,我们仅讨论 $Z_{max} = Z_0$ 的情形,其他两种情况由于篇幅限制不再讨论。

　　二阶畸形波的第一种情况是当 $a_2 = -1/15$ 时,如图 8-9(a)所示,一个一阶畸形波的初始形状被激发,即它未被激发到最大值,接着分裂成两个畸形波,最终又聚合成一个 W 形孤波,并维持该形状传播过很长的距离[234]。比较图 8-9(b)和(c),可以看出,在距离 $z=85$ 的位置,畸形波的调制深度增加,宽度减小。第二种情况是当 $a_2 = -1+20i$ 时,如图 8-10(a)所示,一个一阶畸形波被完整激发,接着分裂成两个畸形波,最终这两个畸形波维持它们的形状自相似地传播很长的距离。比较图 8-10(b)和(c),可以看出,在距离 $z=100$ 的位置,畸形波的宽度增加。第三种情况是当 $a_2 = -1-20i$ 时,如图 8-11(a)所示,两个一阶畸形波被激发到最大值,接着减小到一定的幅度并维持这一幅度传播很长的距离。比较图 8-11(b)和(c),我们可以看出,随着传输距离的增加,两个畸形波间距逐渐增大。

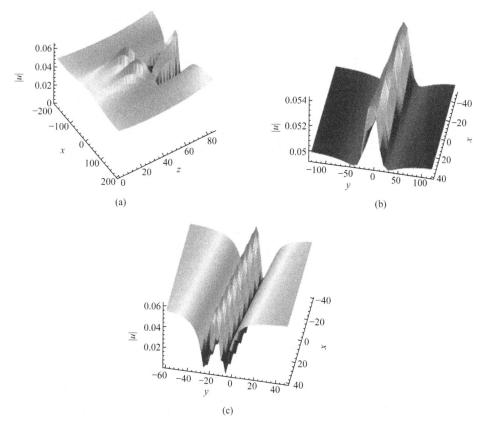

(a)

(b)

(c)

图 8-9　二阶畸形波($a_2 = -1/15$)的激发行为

(a)x-z 坐标系($y=1,t=1$),(b)和(c)x-y

坐标系($t=1$)中在 $z=0$ 和 $z=85$ 位置处的图形。其他参数值与图 8-5 中圈线所取相同

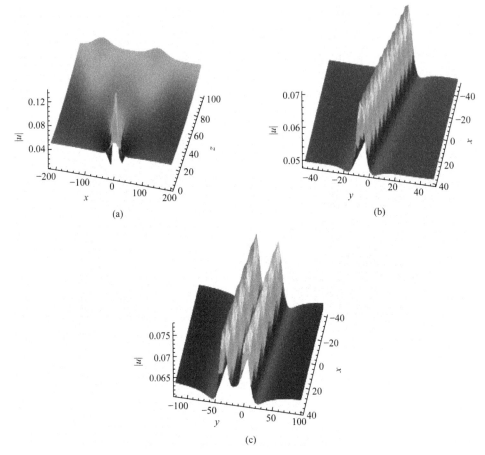

(a)

(b)

(c)

图 8-10 二阶畸形波($a_2 = -1 + 20i$)的激发行为

(a)x-z 坐标系($y=1, t=1$),(b)和(c)x-y

坐标系($t=1$)中在 $z=0$ 和 $z=100$ 位置处的图形。其他参数值与图 8-5 中圈线所取相同

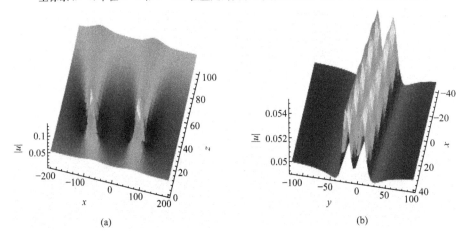

(a)

(b)

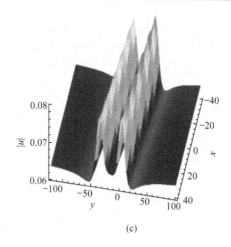

(c)

图 8-11　二阶畸形波($a_2 = -1-20\mathrm{i}$)的激发行为

(a)x-z 坐标系($y=1, t=1$),(b)和(c)x-y

坐标系($t=1$)中在 $z=0$ 和 $z=100$ 位置处的图形。其他参数值与图 8-5 中圈线所取相同

　　除了图 8-6～图 8-11 中对畸形波的操控行为外,我们也可以通过小范围调节参数 Z_0 而实现对同一种行为的径向传播操控。作为两个例子,我们在图 8-12 中展示了一阶和二阶畸形波延迟激发动力学行为的径向操控问题。当 $Z_0=3.5$ 时,图 8-12(b)的被延迟激发的一阶畸形波的中心位置都比 $Z_0=3$ 的图 8-12(a)的相应畸形波的中心位置出现更晚。因而,对于 $Z_{\max}$ 略大于 Z_0 的延迟激发的一阶畸形波而言,Z_0 值越大,被延迟激发的畸形波的中心位置出现越晚。类似地,对于 $Z_{\max}$ 略大于 Z_0 的延迟激发的二阶畸形波而言,从图 8-12(c)和(d)比较发现,Z_0 值越小,延迟激发的二阶畸形波被激发得越早。

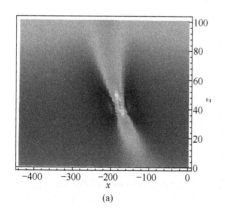

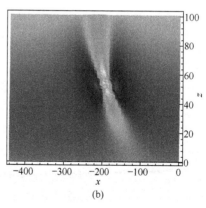

(a)　　　　　　　　　　　　　　　　　(b)

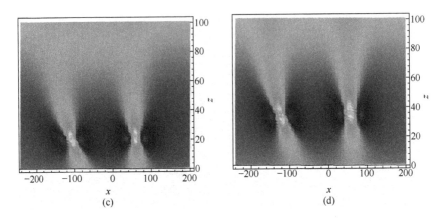

图 8-12　(a),(b)一阶畸形波和(c),(d)二阶畸形波激发的径向控制行为
参数选取为 $k=0.1, m=l=0.5$ 且(a)$Z_0=3$,(b)$Z_0=3.5$,
(c)$Z_0=3$,(d)$Z_0=4.5$。其他参数值与图 8-5 中所取相同

接下来的例子,我们讨论畸形波在高斯型和双曲型衍射/色散渐减光纤中的控制行为。高斯型衍射/色散渐减光纤可以用以下表达式来描述[230-232]

$$\beta(z)=\exp\left[-\left(\frac{z}{L}\right)^2\ln(C)\right] \tag{8.18}$$

以及双曲型衍射/色散渐减光纤可以用以下表达式来描述[235,236]

$$\beta(z)=\frac{L}{(C-1)z+L} \tag{8.19}$$

其中,$1/C$ 为表示初始和光纤长度 L 处脉冲的压缩比。

类似于对数型衍射/色散渐减光纤中畸形波的激发控制行为,当 $Z_{\max}<Z_0$,$Z_{\max}=Z_0$ 以及 $Z_{\max}>Z_0$ 时,二阶畸形波的抑制、维持以及快速激发行为也会产生在高斯型和双曲型衍射/色散渐减光纤中。

图 8-13 讨论了在对数型、高斯型和双曲型衍射/色散渐减光纤中畸形波的维持以及快速激发行为的对比。从图 8-13(a)可以知道,传播过相同的距离后,快速激发的一阶畸形波在双曲型衍射/色散渐减光纤中振幅最大、波宽最小,在高斯型衍射/色散渐减光纤中振幅最小、波宽最大。不同于快速激发的一阶畸形波的情况,如图 8-13(b)所示,传播过相同的距离后,维持激发的一阶畸形波在对数型衍射/色散渐减光纤中振幅最小,在高斯型衍射/色散渐减光纤中振幅最大。

参数 C 决定了脉冲的压缩。如果我们讨论相同类型的光纤(如双曲型衍射/色散渐减光纤),当畸形波传播同样的距离(如 $L=60$),如图 8-13(c)所示,参数 C 值越小,波被压缩得越窄。在双曲型衍射/色散渐减光纤中对于相同的参数 C 值(如 $C=2$),如图 8-13(d)所示,光纤长度越长,波被压缩得越窄。

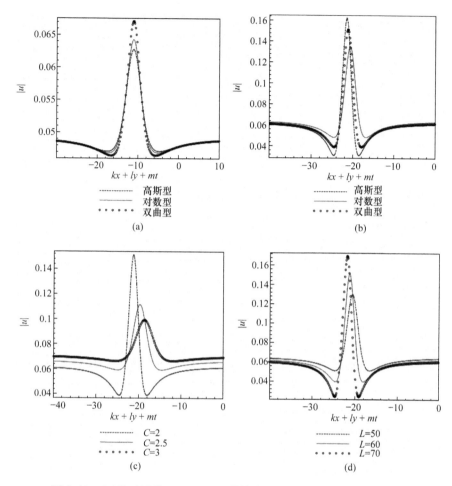

图 8-13　(a)快速激发($z=5$)和(b)维持激发($z=100$)的一阶畸形波在
高斯型、对数型和双曲型衍射/色散渐减光纤的对比图

双曲型衍射/色散渐减光纤中维持激发($z=100$)的一阶畸形波在(c)不同压缩比倒数 C 和
(d)不同光纤长度 L 的对比图。其他参数值与图 8-5 中所取相同

　　我们考虑理想绝热压缩的情况，孤子的压缩因子可以定义为 $C_f = W_0/W_L$，其中 W_0 是衍射/色散渐减光纤中孤子在初始位置处的半高全宽，W_L 是孤子在光纤末端位置处的半高全宽。由于在初始位置处，三种类型的衍射/色散渐减光纤中孤子的半高全宽是一样的，因此，我们可以方便地比较三种类型的衍射/色散渐减光纤中孤子压缩因子。表 8.1 给出了在畸形波传播过 100 个衍射/色散长度后的压缩因子的对比。从表中可以看出，畸形波在双曲型衍射/色散渐减光纤中压缩比最小，在高斯型衍射/色散渐减光纤中压缩比最大。也就是说，在其他条件相同的情况下，畸形波在高斯型衍射/色散渐减光纤中压缩得最窄。

表 8.1　三种光纤中压缩因子的对比

序号	光纤类型	压缩因子 C_f
1	双曲型	1.064
2	对数型	1.448
3	高斯型	1.486

8.3　小　　结

　　本章主要讨论了具有长周期光栅结构的渐变型波导中的 2+1 维库兹涅佐夫-马孤子的动力学行为以及 3+1 维畸形波的动力学控制问题。

　　首先,利用基于标准薛定谔方程的约化方法获得了具有长周期光栅结构的渐变型波导中矢量 2+1 维库兹涅佐夫-马孤子的解析表达式。通过调节有效传输距离 Z 与实际传输距离 z 的关系,研究了 2+1 维叠加的库兹涅佐夫-马孤子 I 型和 II 型结构中的各组成部分在指数型衍射渐减波导系统中的抑制、维持和延迟激发等动力学行为。

　　接着,利用基于标准薛定谔方程的约化方法获得了一阶和二阶 3+1 维畸形波解的解析表达式。研究了 3+1 维畸形波在对数型、高斯型和双曲型衍射/色散渐减光纤三种光纤系统中的抑制、维持以及快速激发等操控行为。并且,研究了一阶和二阶 3+1 维畸形波在对数型衍射/色散渐减光纤系统中的径向传播操控问题。此外,对比了 3+1 维畸形波在对数型、高斯型和双曲型衍射/色散渐减光纤三种光纤系统中畸形波的维持以及快速激发行为,讨论了畸形波的压缩比。

　　研究表明,与 1+1 维情况类似,高维非自治畸形波除具有不可预测特性外,还具有可操控性质。通过调节有效传输距离 Z 和实际传输距离 z 的关系,将 Z 的极大值 Z_{max} 与参数 Z_0 进行比较,实现高维畸形波各种行为的操控。这些结果为高维畸形波的危害规避以及应用控制奠定了理论基础。

参 考 文 献

［1］ Russell J S. Report on waves,14th meeting of the British association for advancement of science. London:John Murray,1844.

［2］ Kivshar Y S,Agrawal G P. Optical Solitons:from Fibers to Photonic Crystals. San Diego:Academic Press,2003.

［3］ Malomed B A,Mihalache D,Wise F,et al. Spatiotemporal optical solitons. J. Opt. B,2005,7(5):R53.

［4］ Hasegawa A,Tappert F. Transmission of stationary nonlinear optical pulses in dispersive dielectric fibers. I. Anomalous dispersion. Appl. Phys. Lett. ,1973,23(3):142-144.

［5］ Hasegawa A,Tappert F. Transmission of stationary nonlinear optical pulses in dispersive dielectric fibers. II. Normal dispersion. Appl. Phys. Lett. ,1973,23(4):171,172.

［6］ Mollenauer L F,Stolen R H,Gordon J P. Expermental observation of picosecond pulse narrowing and soliton in optical fibers. Phys. Rev. Lett. ,1980,45(13):1095-1098.

［7］ Emplit P,Hamaide J P. Pisecondsteps and dark pulses through nonlinear single mode fibers. Opt. Commun. ,1987,62(6):374-379.

［8］ Krokel D,Halas N J,Giuliani G,et al. Dark-pulse propagation in optical fibers. Phys. Rev. Lett. ,1988,60(1):29-32.

［9］ Weiner A M,Heritage J P,Hawkins R J,et al. Experimental observation of the fundamental dark soliton in optical fibers. Phys. Rev. Lett. ,1988,61(21):2445-2448.

［10］ Hasegawa A,Kodama Y. Signal transmission by optical soliotns in monomode fiber. Proc. IEEE,1981,69(9):1145-1150.

［11］ Zakharov V E,Shabat A B. Exact theory of two-dimensional self-focusing and one-dimensional self-modulation of waves in nonlinear media. Sov. Phys. JETP,1972,34(1):62-69.

［12］ Hirota R. Exact solution of the korteweg-de vries equation for multiple collisions of solitons. Phys. Rev. Lett. ,1971,27(18):1192-1194.

［13］ Matveev V B,Salli M A. Darboux Transformations and Solitons,Springer Series in Nonlinear Dynamics. Berlin:Springer Press,1991.

［14］ 周国生,李学敏,薛文瑞,等. 具有色散补偿及增益平衡的光纤链中准孤子传输. 光学学报,1999,19(10):1297-1304.

［15］ Kodama Y,Hasegawa A. Nonlinear pulse propagation in a monomode dielectric guide. IEEE J. Quantum Electron. ,1987,23(5):510-524.

［16］ Sasa N,Satsuma J. New-type of soliton solutions for a higher-order nonlinear Schrödinger equation. J. Phys. Soc. Jpn. ,1991,60(2):409-417.

［17］ Li Z H,Tian H P,Zhou G S. New types of solitary wave solutions for the higher order nonlinear Schrödinger equation. Phys. Rev. Lett. ,2000,84(18):4096-4099.

［18］ Porsezian K,Nakkeeran K. Optical solitons in presence of kerr dispersion and self-frequency shift. Phys. Rev. Lett. ,1996,76(21):3955-3958.

[19] Gedalin M, Scott T C, Band Y B. Optical solitary wave in the higher order nonlinear Schrödinger equation. Phys. Rev. Lett. ,1997,78(3):448-451.

[20] Kim J, Park Q H, Shin H J. Conservation laws in higher-order nonlinear Schrödinger equations. Phys. Rev. E. ,1998,58(5):6746-6751.

[21] Xu Z Y, Li L, Li Z H, et al. Soliton interaction under the influence of higher-order effects. Opt. Comm. ,2002,210(3):375-384.

[22] Palacios S L, Fernández-Díaz J M. Black optical solitons for media with parabolic nonlinearity law in the presence of fourth order dispersion. Opt. Commun. ,2000,178(5):457-460.

[23] Palacios S L, Fernández-Díaz J M. Bright solitary waves in high dispersive media with parabolic non-linearity law: the inuence of third order dispersion. J. Mod. Opt. ,2001,48(11): 1691-1699.

[24] Hong W P. Modulational instability of optical waves in the high dispersive cubic-quintic nonlinear Schrödinger equation. Opt. Commun. ,2002,213(1-3):173-182.

[25] Davydova T A, Zaliznyak Y A. Schrödinger ordinary solitons and chirped solitons: fourth-order dispersive effects and cubic-quintic nonlinearity. Physica D,2001,156(3-4):260-282.

[26] Bogatyrev V A, Bubnov M M, Dianov E M, et al. A single-mode fiber with chromatic dispersion varying along the length. J Lightwave Technol. ,1991,9(5):561-566.

[27] Mamyshev P V, Cher S V, Dianov M. Generation of fundamental soliton trains for high-bitrate optical fiber communication lines. IEEE J Quantum Electron. ,1991,27(10):2347-2355.

[28] Serkin V N, Hasegawa A. Novel soliton soluitons of the nonlinear Schrödinger equation model. Phys. Rev. Lett. ,2000,85(21):4502-4505.

[29] Serkin V N, Belyaeva T L. Optimal control of optical soliton parameters: part 1. the Lax representation in the problem of soliton management. Quamtum Electronics. ,2001,31(11): 1007-1015.

[30] Hao R Y, Li L, Li Z H, et al. Exact multisoliton solutions of the higher-order nonlinear Schrödinger equation with variable coefficients. Phys. Rev. E. ,2004,70(6):066603-066607.

[31] Turitsyn S K, Shapiro E G, Medvedev S B, et al. Physics and mathematics of dispersion-managed optical solitons. C. R. Physique. ,2003,4:145-161.

[32] Hao R Y, Li L, Li Z H, et al. A new approach to exact soliton solutions and soliton interaction for the nonlinear Schrödinger equation with variable coefficients. Opt. Commun. ,2004, 236(1-3):79-86.

[33] Yang R C, Hao R Y, Li L, et al. Exact gray multi-soliton solutions for nonlinear Schrödinger equation with variable coefficients. Opt. Commun. ,2005,253(1-3):177-185.

[34] Hao R Y, Li L, Yang R C, et al. Exact chirped multi-soliton solutions of the higher-order nonlinear Schrödinger equation with varing coefficients. Chin. Phys. Lett. , 2005,3(3): 136-139.

[35] Ruan H Y, Li H J. Optical solitary waves in the generalized higher order nonlinear Schrödinger equation. J. Phys. Soc. Jpan. ,2005,74(2):543-546.

［36］Xu Z Y,Li L,Li Z H,et al. Modulation instability and solitons on a cw background in an optical fiber with higher-order effects. Phys. Rev. E,2003,67(2):026603.

［37］Tian J P,Zhou G S. Soliton-like solutions for higher-order nonlinear Schrödinger equation in inhomogeneous optical fibre media. Phys. Scr. ,2006,73 (1) :56-61.

［38］Li J,Zhang H Q,Xu T,et al. Soliton-like solutions of a generalized variable-coefficient higher order nonlinear Schrödinger equation from inhomogeneous optical fibers with symbolic computation. J. Phys. A:Math. Theor. ,2007,40(44) :13299-13309.

［39］Hasegawa A,Porsezian K,Kuriakose V C. Optical soliton theory and its applications in communication//Optical Solitons,Theoretical and Experimental Challenges. Berlin:Springer Press,2002.

［40］Mollenauer L F,Evangelsdes,Gordon J P. Wavelength division multiplexing with solitons in ultra-long distance transmission using lumped amplified. J Lightwave Technol. ,1991,9:362-367.

［41］Nakazawa M,Yamada E,Kubota H,et al. 10 Gbit/s soliton data transmission over one million kilometers. Electron Lett. ,1991,27:1270-1272.

［42］Yamada E, Suzuki K, Nakazawa M. 10 Gbit/s single-pass soliton transmission over 1000km. Electron Lett. ,1991,27:1289,1290.

［43］Mitsunori M,Sugahara H,Ito T,et al. 2. 56 Tbit/s(64×42. 7Gbit/s) WDM transmission over 6000 km using all-raman amplified inverse double-hybrid spans. IEEE photon. Tech. Lett. ,2003,15(11):1615-1617.

［44］Barenblatt G I. Scaling, Self-similarity, and Intermediate Asymptotics. Cambridge: Cambridge University Press,1996.

［45］Olver P J. Application of Lie Groups to Differential Equations. New York: Springer Press,1986.

［46］Sunghyuck A,Sipe J E. Universality in the dynamics of phase grating formation in optical fibers. Opt. Lett. ,1991,16(19):1478-1480.

［47］Menyuk C R,Levi D,Winternitz P. Self-similarity in transient stimulated raman scattering. Phys. Rev. Lett. ,1992,69(21):3048-3051.

［48］Tanya M M,Peter D M. Self-similar evolution of self-written waveguides. Opt. Lett. ,1998, 23(4):268-270.

［49］Marin S,Mordechai S,Curtis R M. Self-similarity and fractals in soliton-supporting systems. Phys. Rev. E,2000,61(2):1048-1051.

［50］Ablowitz M,Segur H. Solitons and the Inverse Scattering Transform. Philadelphia:SIAM,1981.

［51］Anderson D,Desaix M,Karlson M,et al. Wave-breaking-free pulses in nonlinear-optical fibers. J. Opt. Soc. Am. B,1993,10(7):1185-1190.

［52］Fermann M,Kruglov V I,Thomsen B C,et al. Self-similar propagation and amplification of parabolic pulse in optical fibers. Phys. Rev. Lett. ,2000,84(26):6010-6013.

［53］Kruglov V I,Peacock A C,Harvey J D,et al. Self-similar propagation of high-power parabolic pulses in optical fiber amplifiers. Opt. Lett. ,2000,25(24):1753-1755.

［54］Kruglov V I,Peacock A C,Harvey J D,et al. Self-similar propagation of parabolic pulses in normal-dispersion fiber amplifiers. J. Opt. Soc. Am. B,2002,19(3):461-469.

［55］Kruglov V I,Peacock A C,Harvey J D. Exact self-similar solutions of the generalized nonlinear Schrödinger equation with distributed coefficients. Phys. Rev. Lett. , 2003, 90(11):113902.

［56］Billet C,Dudley J M,Joly N,et al. Intermediate asymptotic evolution and photonic bandgap fiber compression of optical similaritons around 1550nm. Opt. Express, 2005, 13（9）: 3236-3241.

［57］Kibler B,Billet C,Lacourt P A,et al. Parabolic pulse generation in comb-like profiled dispersion decreasing fibre. Electr. Lett. ,2006,42（17）:965,966.

［58］Finot C,Millot G,Billet C,et al. Experimental generation of parabolic pulses via Raman amplification in optical fiber. Opt. Express,2003,11(13):1547-1552.

［59］Chang G,Galvanauskas A,Winful H C,et al. Dependence of parabolic pulse amplification on stimulated Raman scattering and gain bandwidth. Opt. Lett. ,2004,29(22):2647-2649.

［60］Ilday R O,Buckley J R,Clark W G,et al. Self-similar evolution of parabolic pulse in a laser. Phys. Rev. Lett. ,2004,92(21):213902.

［61］Nielsen C K,Ortac B,Schreiber T,et al. Self-starting self-similar all-polarization maintaining Yb-doped fiber laser. Opt. Lett. ,2005,13(23):9346-9351.

［62］Finot C,Pitois S,Millat C. Regenerative 40 Gbit/s wavelength converter based on similariton generation. Opt. Lett. ,2005,30(14):1776-1778.

［63］Ponomarenko S A,Agrawal G P. Optical similaritons in nonlinearwaveguides. Opt. Lett. , 2007,32(12):1659-1661.

［64］Ponomarenko S A,Agrawal G P. Do solitonlike self-similar waves exist in nonlinear optical media. Phys. Rev. Lett. ,2006,97(1):013901.

［65］Ponomarenko S A,Agrawal G P. Interactions of chirped and chirp-free similaritons in optical fiber amplifiers. Opt. Express,2007,15(6):2963-2973.

［66］Dudley J M,Finot C,Millot G,et al. Self-similarity in ultrafast nonlinear optics. Nat. Phys. , 2007,3(9):597-603.

［67］Finot C,Dudley J M,Kibler B,et al. Optical parabolic pulse generation and applications. IEEE J. Quant. Electron. ,2009,45（11）:1482-1489.

［68］Hirooka T,Nakazawa M,Okamoto K. Bright and dark 40 GHz parabolic pulse generation using a picosecond optical pulse train and an arrayed waveguide grating. Opt. Lett. ,2008, 33(10):1102-1104.

［69］Chen S H,Yi L. Chirped self-similar solution of a geberalized nonlinear Schrodinger equation model. Phys. Rev. E,2005,71(1):016606.

［70］陈世华. 光纤孤子传播的自相似性和通讯限制的研究. 华中科技大学博士学位论文,2006.

[71] 冯杰,徐文成,李书贤,等. 常系数 Ginzburg-Landau 方程自相似脉冲演化的解析解. 中国科学 G 辑,2007,37(4):427-433.

[72] 冯杰,徐文成,李书贤,等. 色散渐减光纤中 Ginzburg-Landau 方程的自相似脉冲演化的解析解. 物理学报,2007,56(10):5835-5842.

[73] 涂成厚,雷霆,李勇男,等. 正常色散光纤放大器中超短脉冲的自相似演化条件. 中国激光,2007,34(11):1512-1516.

[74] 雷霆,涂成厚,李恩邦,等. 高能量无波分裂超短脉冲自相似传输的理论研究和数值模拟. 物理学报,2007,56(5):2769-2775.

[75] 张巧芬,徐文成,冯杰,等. 色散渐减光纤中自相似脉冲传输特性研究. 光子学报,2008,37(1):30-34.

[76] 冯杰,徐文成,张巧芬,等. 光纤中自相似脉冲研究进展. 激光与光电子学进展. 2006,43(10):26-36.

[77] Zhang J F,Wu L,Li L. Self-similar parabolic pulses in optical fiber amplifiers with gain dispersion and gain saturation. Phys. Rev. A,2008,78(5):055801.

[78] Zhang J F,Tian Q,Wang Y Y,et al. Self-similar optical pulses in competing cubic-quintic nonlinear media with distributed coefficients. Phys. Rev. A,2010,81(2):023832.

[79] Wu L,Porsezian K. Similaritons in nonlinear optical systems. Eur. Phys. J. Special Topics,2009,173(1):107-119.

[80] Li L,Zhao X Z,Xu Z Y. Dark solitons on an intense parabolic background in nonlinear waveguides. Phys. Rev. A,2008,78(6):063833.

[81] Dai C Q,Zhu S Q,Zhang J F. Envelope self-similar solutions for the nonautonomous and inhomogeneous nonlinear Schrödinger equation. Optics Communications,2010,283(19):3784-3791.

[82] Dai C Q,Tian Q,Zhu S Q. Controllable behaviours of rogue wave triplets in the nonautonomous nonlinear and dispersive system. Journal of Physics B:At. Mol. Opt. Phys,2012,45(8):085401.

[83] Dai C Q,Wang Y Y,Zhang J F. Analytical spatiotemporal localizations for the generalized(3+1)-dimensional nonlinear Schrodinger equation. Optics Letters,2010,35(9):1437-1439.

[84] Chen S H,Yi L,Guo D S,et al. Self-similar evolutions of parabolic,Hermite-gaussian,and hybrid optical pulses:universality and diversity. Phys. Rev. E,2005,72(1):016622.

[85] Ozeki Y,Inoue T. Stationary rescaled pulse in dispersion-decreasing fiber for pedestal-free pulse compression. Opt. Lett. ,2006,31(11):1606-1608.

[86] 冯杰,徐文成,张巧芬,等. 光纤中自相似脉冲研究进展. 激光与光电子学进展,2006,43(10):26-36.

[87] Oktem B,Ulgudur C,Ilday F O. Soliton-similariton fibre laser. Nature Photon. ,2010,4:307-311.

[88] Muller P,Garrett C,Osborne A. Rogue waves//The Fourteenth 'Aha Hu-liko' a Hawaiian Winter Workshop. Oceanography,2005,18(3):66.

[89] Draper L. Freak waves. Marine Observer,1965,35(2):193-195.

[90] Onorato M,Osborne A R,Serio M,et al. Freak waves in random oceanic sea states. Phys. Rev. Lett.,2001,86(25):5831-5834.

[91] Shukla P K,Kourakis I,Eliasson B,et al. Instability and evolution of nonlinearly interacting water waves. phys. Rev. Lett.,2006,97(9):094501.

[92] Ruban V P. Nonlinear stage of the Benjamin-Feir instability:three-dimensional coherent structures and rogue waves. Phys. Rev. Lett.,2007,99(23):044502.

[93] 杨冠声,董艳秋,陈学闯. 畸形波. 海洋工程,2002,20(4):105-108.

[94] 芮光六,董艳秋,张智. 畸形波的实验室模拟. 中国海洋平台,2004,19(3):30-33.

[95] 裴玉国. 畸形波的生成及基本特性研究. 大连理工大学博士学位论文,2008.

[96] 胡金鹏,张运秋,朱良生. 基于 Benjamin-Feir 不稳定性的畸形波模拟. 华南理工大学学报, 2009,37(6):113-116.

[97] Kharif C, Pelinovsky E, Slyunyaev A. Rogue Waves in the Ocean. Berlin: Springer Press,2009.

[98] Akhmediev N,Ankiewicz A,Taki M. Waves that appear nowhere and disappear without a trace. Phys. Lett. A,2009,373(6):675-678.

[99] Akhmediev N,Soto-Crespo J M,Ankiewicz A. How to excite a rogue wave. Phys. Rev. A, 2009,80(4):043818.

[100] Peregrine D H. Water waves,nonlinear Schrödinger equations and their solutions. J. Austral. Math. Soc. Ser. B,1983,25(1):16-43.

[101] Chabchoub A,Hoffmann N P,Akhmediev N. Rogue wave observation in a water wave tank. Phys. Rev. Lett.,2011,106(20),204502.

[102] Chabchoub A,Hoffmann N P,Onorato M,et al. Super rogue waves:observation of a higher-order breather in water waves. Phys. Rev. X,2012,2(1):011015.

[103] Chabchoub A,Fink M. Time-reversal generation of rogue waves. Phys. Rev. Lett.,2014, 112(12):124101.

[104] Solli D R,Ropers C,Koonath P,et al. Optical rogue waves. Nature,2007,450(7172):1054-1058.

[105] Dudley J M,Genty G,Eggleton B J. Harnessing and control of optical rogue waves in supercontinuum generation. Opt. Express,2008,16(6):3644-3651.

[106] Bludov Y V,Konotop V V,Akhmediev N. Rogue waves as spatial energy concentrators in arrays of nonlinear waveguides. Opt. Lett.,2009,34(19):3015-3017.

[107] Bludov Y V,Konotop V V,Akhmediev N. Matter rogue waves. Phys. Rev. A,2009,80(3): 033610.

[108] Yan Z Y,Konotop V V,Akhmediev N. Three-dimensional rogue waves in nonstationary parabolic potentials. Phys. Rev. E,2010,82(3):036610.

[109] Moslem W M. Langmuir rogue waves in electron-positron plasmas. Phys. Plasmas,2011, 18(3):032301.

[110] El-Awady E I,Moslem W M. On a plasma having nonextensive electrons and positrons: Rogue and solitary wave propagation. Phys. Plasmas,2011,18(8):082306.

[111] Stenflo L,Marklund M. Rogue waves in the atmosphere. J. Plasma Phys. ,2010,76(3-4): 293-295.

[112] Kibler B,Hammani K,Finot C,et al. Soliton and rogue wave statistics in supercontinuum generation in photonic crystal fibre with two zero dispersion wavelengths. Eur. Phys. J. Special Topics,2009,173:289-295.

[113] Montina A,Bortolozzo U,Residori S,et al. Non-gaussian statistics and extreme waves in a nonlinear optical cavity. Phys. Rev. Lett. ,2009,103(17):173901.

[114] Kibler B, Fatome J, Finot C, et al. The peregrine soliton in nonlinear fibre optics. Nat. Phys. ,2010,6 (10):790-795.

[115] Hammani K,Kibler B,Finot C,et al. Peregrine soliton generation and breakup in standard telecommunications fiber. Opt. Lett. ,2011,36 (2):112-114.

[116] Erkintalo M,Genty G,Wetzel B,et al. Akhmediev breather evolution in optical fiber for realistic initial conditions. Phys. Lett. A,2011,375 (19):2029-2034.

[117] Dudley J M,Genty G,Dias F,et al. Emergence of rogue waves from optical turbulence. Opt. Express,2009,17(24):21497-21508.

[118] Hammani K,Kibler B,Fatome J,et al. Nonlinear spectral shaping and optical rogue events in fiber-based systems. Opt. Fiber Tech. ,2012,18(5):248-256.

[119] Guo B L,Ling L M,Liu Q P. Nonlinear Schrödinger equation:generalized Darboux transformation and rogue wave solutions. Phys. Rev. E,2012,85(2):026607.

[120] He J S,Wang Y Y,Li Y J. Non-rational rogue waves induced by inhomogeneity. Chin. Phys. Lett. ,2012,29(6):060509.

[121] Wen L,Li L,Li Z D,et al. Matter rogue wave in Bose-Einstein condensates with attractive atomic interaction. Eur. Phys. J. D,2011,64(2-3):473-478.

[122] Tian Q,Yang Q,Dai C Q,et al. Controllable optical rogue waves recurrence,annihilation and sustainment. Opt. Commun. ,2011,284(8):2222-2225.

[123] Dai C Q,Zhou G Q,Zhang J F. Controllable optical rogue waves in the femtosecond regime. Phys. Rev. E,2012,85(1):016603.

[124] He J S,Xu S W,Porsezian K. New types of rogue wave in an erbium-doped fibre system. J. Phys. Soc. Jpn. ,2012,81(3):033002.

[125] Mollenauer L F,Gordon J P,Evangelides S G. Multigigabit soliton transmission traverse ultralong distances. Laser Focus World,1991:159-170.

[126] Zhao W,Bourkoff E. Propagation properties of dark solitons. Opt. Lett. ,1989,14(13): 703-705.

[127] Stegeman G I,Segev M. Optical spatial solitons and their interactions:university and diversity. Science,1999,286(5444):1518-1523.

[128] Segev M,Christodoulides D N. Incoherent solitons:self-trapping of weakly correlated wave

packets. Opt. Photon. News,2002(2),13:70-76.

[129] Fleischer T W,Segev M,Efremidis N K,et al. Observation of two-dimensional discrete solitons in optically induced nonlinear photonic lattices. Nature,2003,(422):147-150.

[130] Nagel S R,MacChesncy J B,Walker K L. In Optical Communications. Academic, Orlando,1985.

[131] 王景宁,徐济仲,熊吟涛. 孤子:概念、原理和应用. 北京:高等教育出版社,2004.

[132] Dawes E L,Marburger J H. Computer studies in self-focusing. Phys. Rev. ,1969,179(3): 862-868.

[133] Dabby F W,Whinnery J R. Thermal self-focusing of laser beams in lead galsses. Appl. Phys. Lett. ,1968,13(8):284-286.

[134] 刘思敏,郭儒,许京军. 光折变非线性光学及其应用. 北京:科学出版社,2004.

[135] 刘颂豪,赫光生. 强光光学及其应用. 广州:广东科技出版社,1995.

[136] Mitschke F M,Mollenauer L F. Discovery of the soliton self-frequency shift. Opt. Lett. , 1986,11(10):659.

[137] Gordon J P. Theory of the soliton self-frequency shift. Opt. Lett. ,1986,11(10):662.

[138] Blow K J,Doran N J,Wood D J. Suppression of the soliton self-frequency shift by band-width-limited amplification. J. Opt. Soc. Am. B,1988,5(6):1301-1304.

[139] Xu B,Wang W. Traveling-wave method for solving the modified nonlinear Schrodinger equation describing soliton propagation along optical fibers. Phys. Rev. E. ,1995,51(2): 1493-1498.

[140] Gedalin M,Scott T C,Band Y B. Optical solitary wave in the higher order nonlinear Schrödinger equation. Phys. Rev. Lett. ,1997,78(3):448-451.

[141] Li Z H,Tian H P,Zhou G S. New type of solitary wave solutions for higher order nonlinear Schrödinger equation. Phys. Rev. Lett. ,2000,84(18):4096-4099.

[142] Belmonte-Beitia J,Perez-Garcia V M,Vekslerchik V,et al. Localized nonlinear waves in systems with time- and space-modulated nonlinearities. Phys. Rev. Lett. ,2008,100(16):164102.

[143] 彭芳麟. 计算物理基础. 北京:高等教育出版社,2010.

[144] 冯康,秦孟兆. 哈密尔顿系统的辛几何算法. 杭州:浙江科学技术出版社,2003.

[145] Agrawal G P. Nonlinear Fiber Optics. San Diego:Academic,2005.

[146] Yang J K. Nonlinear Waves in Integrable and Nonintegrable Systems. New York: SIAM,2010.

[147] Darboux G. Sur une proposition relative aux equation linearies. Compts Rendus Hebdom-adaires des Seances del'Academie des Sciences,1882,94:1456-1459.

[148] 谷超豪,胡和生,周子翔. 孤立子理论中的达布变换及几何应用. 上海:上海科学技术出版社,1999.

[149] Ablowitz M J,Kaup D J,Newell A C,et al. Nonlinear evolution equations of physical significance. Phys. Rev. Lett. ,1973,31:125-127.

[150] Luo H G, Zhao D, He X G. Exactly controllable transmission of nonautonomous optical solitons. Phys. Rev. A, 2009, 79(6):063802.

[151] Gao Y, Lou S Y. Analytical solitary wave solutions to a(3+1)-dimensional Gross-Pitaevskii equation with variable coefficients. Commun. Theor. Phys. , 2009, 52(6):1031-1035.

[152] He J S, Li Y S. Designable integrability of the variable coefficient nonlinear Schrödinger equations. Stud. Appl. Math. , 2010, 126(1):1-15.

[153] Birnbaum Z, Malomed B A. Families of spatial solitons in a two-channel waveguide with the cubic-quintic nonlinearity. Physica D, 2008, 237(24):3252-3262.

[154] Moll K D, Gaeta A L, Fibich G. Self-similar optical wave collapse: observation of the townes profile. Phys. Rev. Lett. , 2003, 90(20):203902.

[155] Chang G Q, Winful H G, Galvanauskas A, et al. Self-similar parabolic beam generation and propagation. Phys. Rev. E, 2005, 72(1):016609.

[156] Abdullaeev F. Theory of Solitons in Inhomogeneous Media. New York: Wiley, 1994.

[157] Rothenberg J E, Heinrieh H K. Observation of the formation of dark-soliton trains in optical fibers. Opt. Lett. , 1992, 17(4):261-263.

[158] Taijima K. Compensation of soliton broadening in nonlinear optical fibers with loss. Opt. Lett. , 1987, 12(1):54-56.

[159] Smith N J, Doran N J. Modulational instabilities in fibers with periodic dispersion management. Opt. Lett. , 1996, 21(8):570-572.

[160] Kivshar Y S, Konotop V V. Solitons in fiber waveguides with slowly varying parameters. Sov. J Quan. Electron. , 1989, 19(4):566, 567.

[161] Wang J F, Li L, Jia S T. Exact chirped gray soliton solutions of the nonlinear Schrödinger equation with variable coefficients. Opt. Commun, 2007, 274(1):223-230.

[162] Herrmann J. Bistable bright solitons in dispersive media with a linear and quadratic intensity-dependent refraction index change. Opt. Commun. , 1992, 87(4):161-165.

[163] Serkin V N, Belyaeva T L, Alexandrov I V, et al. Novel topological quasi-soliton solutions for the nonlinear cubic-quintic Schrödinger equation model. Proc. SPIE-Int. Soc. Opt. Eng. , 2001, 4271:292-302.

[164] Hao R Y, Li L, Li Z H, et al. A new way to exact quasi-soliton solutions and soliton interaction for the cubic-quintic nonlinear Schrodinger equation with variable coefficients. Opt. Commun. , 2005, 245(1-6):383-391.

[165] Yang Q, Zhang J F. Optical quasi-soliton solutions for the cubic-quintic nonlinear Schödinger equation with variable coefficients. Int. J. Mod. Phys. B, 2005, 19(31):4629-4636.

[166] Bogatyrjov V A, Bubnov M M, Dianov E M, et al. Advanced fibres for soliton systems. Pure Appl. Opt. , 1995, 4(5):345-351.

[167] Prasolov V, Solovyev Y. Elliptic functions and elliptic integrals. Providence: American Mathematical Society, 1997.

[168] Zhang J F, Dai C Q, Yang Q, et al. Variable-coefficient F-expansion method and its applica-

tion to nonlinear Schrödinger equation. Opt. Commun. ,2005,252(4-6):408-421.

[169] Li B,Chen Y. On exact solutions of the nonlinear Schrödinger equations in optical fiber. Chaos,Solitons and Fractals,2004,21(1):241-247.

[170] Chen S H. Theory of dissipative solitons in complex Ginzburg-Landau systems. Phys. Rev. E,2008,78(2):025601 (R).

[171] Hao R Y,Zhou G S. Exact multi-soliton solutions in nonlinear optical systems. Opt. Commun. ,2008,281(17):4474-4478.

[172] Wang J F, Li L, Jia S T. Nonlinear tunneling of optical similaritons in nonlinear waveguides. J. Opt. Soc. Am. B,2008,25(8):1254-1260.

[173] Wu L,Zhang J F,Li L,et al. Similaritons in nonlinear optical systems. Opt. Express,2008, 16(9):6352-6360.

[174] Xue J K. Controllable compression of bright soliton matter waves. J. Phys. B:At. Mol. Opt. Phys. ,2005,38(21):3841-3848.

[175] Sulem C,Sulem P L. The Nonlinear Schrödinger Equation. New York:Springer,1999.

[176] Sulem C,Sulem P L. The Nonlinear Schrödinger Equation:Self-Focusing and Wave Collapse. Berlin:Springer-Verlag,2000.

[177] Towers I,Malomed B A. Stable(2+1)-dimensional solitons in a layered medium with sign-alternating Kerr nonlinearity. J. Opt. Soc. Am. B,2002,19(6):537-543.

[178] Adhikari S K. Stabilization of a light bullet in a layered Kerr medium with sign-changing nonlinearity. Phys. Rev. E,2004,70(3):036608.

[179] Alexandrescu A,Montesinos G D,Perez-Garcia V M. Stabilization of high-order solutions of the cubic nonlinear Schrödinger equation. Phys. Rev. E,2007,75(4):046609.

[180] Centurion M,Porter M A,Kevrekidis P G,et al. Nonlinearity management in optics:experiment,theory,and simulation. Phys. Rev. Lett. ,2006,97(3):033903.

[181] Zhong W P,Xie R H,Belic M,et al. Exact spatial soliton solutions of the two-dimensional generalized nonlinear Schrödinger equation with distributed coefficients,Phys. Rev. A, 2008,78(2):023821.

[182] Wang D S,Hu X H,Hu J P,et al. Quantized quasi-two- dimensional Bose-Einstein condensates with spatially modulated nonlinearity. Phys. Rev. A,2010,81(2):025604.

[183] Wu L,Li L,Zhang J F,et al. Exact solutions of the Gross-Pitaevskii equation for stable vortex modes in two-dimensional Bose-Einstein condensates. Phys. Rev. A,2010,81(6): 061805(R).

[184] Wu L,Li L,Zhang J F. Controllable generation and propagation of asymptotic parabolic optical waves in graded-index waveguide amplifiers. Phys. Rev. A,2008,78(1):013838.

[185] Ponomarenko S A,Agrawal G P. Linear optical bullets. Opt. Commun. ,2006,261(1):1-4.

[186] Wang Y,Hao R Y. Exact spatial soliton solution for nonlinear Schrodinger equation with a type of transverse nonperiodic modulation. Opt. Commun. ,2009,282(19):3995-3998.

[187] Abramowitz M,Stegun I. Handbook of Mathematical Functions. New York:Dover,1965.

[188] Bronski J C,Carr L D,Deconinck B,et al. Bose-Einstein condensates in standing waves;the cubic nonlinear Schrödinger equation with a periodic potential. Phys. Rev. Lett. ,2001, 86(8):1402-1405.

[189] Belić M,Petrović N,Zhong W P,et al. Analytical light bullet solutions to the generalized (3+1)-dimensional nonlinear Schrödinger equation. Phys. Rev. Lett. ,2008,101(12):123904.

[190] Adhikari S K. Stabilization of bright solitons and vortex solitons in a trapless three-dimensional Bose-Einstein condensate by temporal modulation of the scattering length. Phys. Rev. A,2004,69(4):063613.

[191] Montesinos G D,Perez-Garcia V M,Torres P J. Stabilization of solitons of the multidimensional nonlinear Schrödinger equation;matter wave breathers. Physica D,2004,191(1): 193-210.

[192] Alexandrescu A,Montesinos G D,Perez-Garcia V M. Stabilization of high-order solutions of the cubic nonlinear Schrödinger equation. Phys. Rev. E,2007,75(4):046609.

[193] Matuszewski M,Infeld E,Malomed B A,et al. Fully three dimensional breather solitons can be created using feshbach resonances. Phys. Rev. Lett,2005,95(5):050403.

[194] Matuszewski M, Trippenbach M,Malomed B A, et al. Two-dimensional dispersion-managed light bullets in Kerr media. Phys. Rev. E,2004,70(1):016603.

[195] Saito H,Ueda M. Bose-Einstein droplet in free space. Phys. Rev. A,2004,70(5):053610.

[196] Saito H,Ueda M. Stabilization of a matter-wave droplet in free space by feedback controlof interatomic interactions. Phys. Rev. A,2006,74(2):023602.

[197] Liu X P,Li B. Dynamics of solitons of the generalized (3 + 1)-dimensional nonlinear Schrödinger equation with distributed coefficients. Chin. Phys. B,2011,20(11):114219.

[198] Chen S H,Dudley J M. Spatiotemporal nonlinear optical self-similarity in three dimensions. Phys. Rev. Lett. ,2009,102(23):233903.

[199] Belic M,Petrovic N,Zhong W P,et al. Exact spatiotemporal wave and soliton solutions to the generalized (3+1)-dimensional Schrödinger equation for both normal and anomalous dispersion. Opt. Lett. ,2009,34(10):1609-1611.

[200] Dai C Q,Zhu S Q,Wang L L,et al,Exact spatial similaritons for the generalized (2+1)-dimensional nonlinear Schrödinger equation with distributed coefficients. Europhys. Lett. , 2010,92(2):24005.

[201] Abdullaev F K,Gammal A,Tomio L,et al. Stability of trapped Bose-Einstein condensates. Phys. Rev. A,2001,63:043604.

[202] Broad W J. Rogue giants at sea. The New York Times,2006.

[203] Porsezian K,Ganapathy R,Hasegawa A,et al. Nonautonomous soliton dispersion management. IEEE J. Quantum Electron. ,2009,45(12):1577-1583.

[204] Serkin V N,Hasegawa A,Belyaeva T L. Nonautonomous solitons in external potentials. Phys. Rev. Lett. ,2007,98(7):074102.

[205] Hasegawa A,Matsumoto M. Optical Solitons in Fibers. Berlin:Springer-Verlag,2003.

[206] Zhong W P, Belic M R. Soliton tunneling in the nonlinear Schrödinger equation with variable coefficients and an external harmonic potential. Phys. Rev. E, 2010, 81 (5): 056604.

[207] Liu W J, Tian B, Xu T, et al. Bright and dark solitons in the normal dispersion regime of inhomogeneous optical fibers: soliton interaction and soliton control. Ann. Phys. (NY), 2010, 325(8): 1633-1643.

[208] Ohta Y, Yang J K. General high-order rogue waves and their dynamics in nonlinear Schrödinger equation. Proc. R. Soc. A, 2012, 468(2142): 1716-1740.

[209] Akhmediev N, Ankiewicz A. Solitons, Nonlinear Pulses and Beams. London: Chapman and Hall, 1997.

[210] Serkin V N, Hasegawa A. Novel soliton solutions of the nonlinear Schrödinger equation model. Phys. Rev. Lett. , 2000, 85(21): 4502-4505.

[211] Petrović N, Belić M, Zhong W P. Exact traveling-wave and spatiotemporal soliton solutions to the generalized (3+1)-dimensional Schrödinger equation with polynomial nonlinearity of arbitrary order. Phys. Rev. E. , 2011, 83(2): 026604.

[212] de Oliveria J R, de Moura M A. Analytical solution for the modified nonlinear Schrödinger equation describing optical shock formation. Phys. Rev. E, 1998, 57 (4): 4751-4756.

[213] Gedalin M, Scott T C, Band Y B. Optical solitary waves in the higher order nonlinear Schrödinger equation. Phys. Rev. Lett. , 1997, 78(3): 448-451.

[214] Yang R C, Hao R Y, Li L, et al. Dark soliton solution for higher-order nonlinear Schrödinger equation with variable coefficients. Opt. Commun. , 2004, 242(1): 285-293.

[215] Zhang J F, Yang Q, Dai C Q. Optical quasi-soliton solutions for higher-order nonlinear Schrödinger equation with variable coefficients. Opt. Commun. , 2005, 248(1): 257-263.

[216] Yang R C, Li L, Hao R Y, et al. Combined solitary wave solutions for the inhomogeneous higher-order nonlinear Schrödinger equation. Phys. Rev. E, 2005, 71(3): 036616.

[217] Wang J F, Li L, Li Z H, et al. Generation, compression and propagation of pulse trains under higher-order effects. Opt. Commun. , 2006, 263(2): 328-336.

[218] Ankiewicz A, Soto-Crespo J M, Akhmediev N. Rogue waves and rational solutions of the Hirota equation. Phys. Rev. E, 2010, 81(4): 046602.

[219] Porsezian K, Hasegawa A, Serkin V N, et al. Dispersion and nonlinear management for femtosecond optical solitons. Phys. Lett. A, 2007, 361(6): 504-508.

[220] Dai C Q, Wang Y Y, Zhang J F. Nonlinear similariton tunneling effect in the birefringent fiber. Opt. Express, 2010, 18(16): 17548-17554.

[221] Newell A C. Nonlinear tunneling. J. Math. Phys. , 1978, 19(5): 1126-1133.

[222] Serkin V N, Chapela V M, Persino J, et al. Nonlinear tunneling of temporal and spatial optical solitons through organic thin films and polymeric waveguides. Opt. Commun. , 2001, 192(1-2): 237-244.

[223] Belyaeva T L, Serkin V N, Hernandez-Tenorio C, et al. Enigmas of optical and matter-wave soliton nonlinear tunneling. J. Mod. Opt. , 2010, 57(12): 1087-1099.

[224] Burns W K, Abebe M, Villarruel C A. Parabolic model for shape of fiber taper. Appl. Opt. , 1985, 24: 2753-2755.

[225] Campbell J C. Tapered waveguides for guided wave optics. Appl. Opt. , 1979, 18: 900-902.

[226] Eggleton B J, Krug P A, Poladian L, et al. Long periodic superstructure Bragg gratings in optical fibres. Electron. Lett. , 1994, 30: 1620-1622.

[227] Yang Z Y, Zhao L C, Zhang T, et al. Snake-like nonautonomous solitons in a graded-index grating wave-guide. Phys. Rev. A, 2010, 81: 043826.

[228] Cao X D, Meyerhofer D D. Soliton collisions in optical birefringent fibers. J. Opt. Soc. Am. B, 1994, 11: 380-385.

[229] Kedziora D J, Ankiewicz A, Akhmediev N. Second-order nonlinear Schrödinger equation breather solutions in the degenerate and rogue wave limits. Phys. Rev. E, 2012, 85: 066601.

[230] Da Silva M G, Nobrega K Z, Sombra A S B. Analysis of soliton switching in dispersion-decreasing fiber couplers. Opt. Commun. , 1999, 171: 351-364.

[231] Ganathy R, Kuriakose V C. Soliton pulse compression in a dispersion decreasing elliptic birefringent fiber with effective gain and effective phase modulation. J. Nonlinear Opt. Phys. Mater. , 2002, 11: 185-195.

[232] Vinoj M N, Kuriakose V C. Generation of pedestal-free ultrashort soliton pulses and optimum dispersion profile in real dispersion-decreasing fibre. J. Opt. A, 2004, (1): 63-70.

[233] Zhao L H, Dai C Q. Self-similar cnoidal and solitary wave solutions of the $(1+1)$-dimensional generalized nonlinear Schrodinger equation. Eur. Phys. J. D, 2010, 58: 327-332.

[234] Dai C Q, Zhang J F. New solitons for the Hirota equation and generalized higher-order nonlinear Schrödinger equation with variable coefficients. J. Phys. A: Math. Gen. , 2006, 39: 723-737.

[235] Da Silva M G, Nobrega K Z, Sombra A S B. Analysis of soliton switching in dispersion decreasing fiber couplers. Opt. Commun. , 1999, 171(4-6): 351-364

[236] Zitelli M, Malomed B, Matera F, et al. Strong time jitter reduction using solitons in "1/z" dispersion managed fiber links. Opt. Commun. , 1998, 154: 273-276.

结 束 语

　　本书从非均匀光纤中的各种变系数非线性薛定谔方程入手,利用解析(可积约化理论)和数值模拟(分裂步长快速傅里叶变换算法)两种互补方法研究了空间衍射、时空耦合、高阶色散和高阶非线性效应对自相似脉冲的振幅、相位、啁啾因子、光波宽度等传输特性的影响以及畸形波的湮没、维持、重现、快速激发等操控问题。着重讨论了自相似脉冲和畸形脉冲的产生及其相互作用问题,对规避和利用畸形脉冲提出可行性方案,为研究实际非均匀光纤系统中光脉冲的参量调控和动力学控制提供一定的理论依据,并对物质波孤子和等离子体中的孤波等其他物理领域动力学研究具有潜在的应用价值。

　　目前,对于自相似脉冲的研究,理论上已经形成了比较完整的一套体系,但并没有达到成熟的地步。对于畸形波的操控研究也才刚刚开始。本书获得了一些有意义的结果,但问题分析得还不够充分、全面,因此有待进一步深入研究。以后的工作可以从以下几方面开展:

　　(1)非均匀光纤中自相似脉冲的交叉相位调制、时间抖动以及四波混频和参量放大等都有待于进一步研究。

　　(2)本书主要讨论无外势情况下的自相似脉冲和畸形波的操控问题。目前,宇称时间对称势中光孤子的传输特性研究引起人们的高度关注。以下内容有待进一步探讨:①宇称时间对称势中高维涡旋光孤子的研究;②宇称时间对称势中高维光学缺陷模的研究;③宇称时间对称势中受色散(或衍射)和非线性调制的高维光孤子参量调控和动力学的研究。